문화로 도시 읽기

문화로 도시 읽기

초판 1쇄 펴낸날 2021년 8월 5일
지은이 김지나
펴낸이 박명권
펴낸곳 도서출판 한숲
신고일 2013년 11월 5일 | **신고번호** 제2014-000232호
주소 서울특별시 서초구 방배로 143 2층
전화 02-521-4626 | **팩스** 02-521-4627 | **전자우편** klam@chol.com
편집 신동훈 | **디자인** 조진숙
출력·인쇄 금석커뮤니케이션스

ISBN 979-11-87511-29-8 93530

문화로 도시 읽기

도시재생·문화기획·장소마케팅을 실천한
서른 곳의 이야기들

김지나 지음

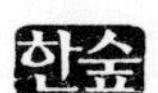

책을 펴내며

문화로 도시 읽기 탄생기

박사 과정 수료를 앞둔 어느 해 가을, 호기롭게 입사를 지원했던 연구원에서 불합격 통보를 받았다. 기대를 하지 않았다면 거짓말이었다. 취업하게 될지도 모른다는 희망에 결정을 미뤄 놓았던 대학원 해외 답사에 참가하기로 마음먹고, 당장 그 자리에서 비행기 표를 끊고 나니 기분이 좀 풀렸다.

왜 떨어졌을까. 사실 지원서를 쓰면서 느낀 한 가지는 '실적이 없다'는 것이었다. 나는 석사 과정에 입학하기 전부터 연구원에서 보조원으로 일을 했고, 회사생활 경력도 있고, 대학원에서도 늘 프로젝트에 참여하고 있었다. 그럼에도 내 이름으로 된 실적은 거의 없었다. 언제나 연구진 목록의 뒤에서 세 번째쯤 이름이 올라와 있을 뿐이었다.

그즈음, 시사저널 기자로 있었던 후배가 온라인 칼럼을 써보라는 제안을 했다. 장기전으로 가기 위해서는 주제를 포괄적으로 잡아야 한다는 팁도 알려줬다. '김지나의 문화로 도시읽기'라는 제목 역시 그가 지은 것이다. 초고로 보냈던 글에는 후배의 빨간펜 수정이 가득했다. 너무 논문 같다는 코멘트가 뼈를 때렸다. 고작 대학원생인 주제에 겉멋만 들어서 쓸데없이 어렵게 썼던 거다. 이후로 습관을 완전히 고쳤다. 어려운 단어는 쉽게 풀어쓰고, 줄일 수 있는 말은 되도록 다 줄여 썼다(물론 한글 파괴를 했다는 뜻은 아니다).

칼럼 연재는 어느새 만 4년을 넘겼고 70편 이상의 글이 '김지나의 문화로 도시읽기'라는 이름을 달고 세상에 나갔다. 여전히 나는 계약직을 전전하고 있지만, 칼럼을 쓰면서 더 많은 사람을 만났고 더 많은 기회를 얻을 수 있었다. 그 기반을 마련해준 김경민 기자님, 지금도 한 달에 두 번씩 변변찮은 내 글을 게시해주고 있는 구민주 기자님과 시사저널, 출판을 허락해주신 환경과조경의 남기준 편집장님, 마지막으로 "그래서 하고 싶은 말이 뭐냐"며 장황한 생각들을 간단명료하게 요약하도록 채찍질(?)해주시는 조경진 교수님께 감사드린다.

차례

책을 펴내며

PART 1. 다양한 이슈의 수도권 도시들

광명 광명동굴과 이케아의 이질적 동거

하남 스타필드가 던진 명과 암

수원 세계문화유산과 더불어 살아가기

안산 잊지 않기 위한 기억, 生을 위한 공간

평택 그들만의 요새, 미군기지를 품은 도시전략

부천 문화가 일상으로 스민 창의도시

Author's Diary 새로운 곳은 남보다 먼저, 남보다 빨리

PART 2. 가깝지만 멀었던 DMZ 접경 지역

철원 민통선이 집어삼킨 삶의 역사

파주 안보 최전방의 도시, 평화의 시작점이 될 수 있을까

양구 박수근에서 시작해 문화의 장소로

교동도 대룡시장 유명세로 핫한 민간인 통제구역

연천 전쟁으로 사라진 포구, 역사공원으로 살아나다

백령도 최북단의 섬, 신공항으로 하얀 깃털(白翎) 펼칠까

Author's Diary 이슈를 잡기 위한 레이더망은 항상 ON

PART 3. 서울! 서울! 서울!

서울식물원 우리에게도 식물이 문화가 될 수 있을까

을지로 밀레니얼 힙스터들이 모이는 곳

노들섬 한강대교 위에 갇힌 섬, 다시 시민의 공간으로

이태원 수많은 박새로이들이 사랑에 빠진 '진짜'의 클라쓰

Author's Diary 내 이름으로 나가는 내 글의 무게

PART 4. 더 많은 관심이 필요한 중부지역
평창 한국의 두 번째 올림픽 개최지
영주 도시 주도 공공건축물 계획의 좋은 예
대전 노잼 도시에서 트렌드의 중심으로
Author's Diary "글 좀 써 주실 수 있을까요?"

PART 5. 풍부한 역사자원, 그 이상을 향해가는 남부지역
광주 민주화와 문화, 두 가지 키워드를 모두 갖고 싶은
순천 한국 1호 국가정원, 생태와 개발을 품다
부산 일본 문화 잔재와 피난기 서민문화의 재발견
제주 4.3 사건 70주년, 아직 아물지 않은 상처를 치유하는 법
통영 49년만의 귀향, 윤이상 반기는 푸른 물결
목포 문화재 가득한 구도심, 관광 붐 식지 않으려면
Author's Diary 기승전 "유튜브 해야겠다"

PART 6. 새로운 자극을 주는 해외도시들
아부다비 루브르 분관에 담긴 문화적 고민
베를린 아픔의 상징이 성찰과 치유의 장으로
싱가포르 김정은이 찾았던 '가든스 바이 더 베이'에 담긴 도시 정신
린츠 미디어아트 메카로 거듭난 히틀러의 문화도시
잘츠부르크 코로나 위기 속 음악 축제를 취소할 수 없는 이유

부천
광명
하남
안산
수원
평택

01

다양한 이슈의 수도권 도시들

광명 광명동굴과 이케아의 이질적 동거

하남 스타필드가 던진 명과 암

수원 세계문화유산과 더불어 살아가기

안산 잊지 않기 위한 기억, 生을 위한 공간

평택 그들만의 요새, 미군기지를 품은 도시전략

부천 문화가 일상으로 스민 창의도시

광명

광명동굴과 이케아IKEA의 이질적 동거

광명동굴이 그렇게 '핫'하다는 소문을 들었다. 게다가 광명에는 우리나라에서 처음으로 문을 연 이케아 매장도 있다. 주말마다 사람들이 몰려와 난리라고 했다. 광명이 언제부터 이렇게 일부러 찾아갈 만한 도시로 변했던 것일까. 전혀 연관성이 없어 보이는 이 두 장소들은 어쩌다 광명의 핫 플레이스 1, 2위를 다투게 됐을까. 사람들을 많이 불러 모으게 됐으니 성공적인 정책이었다고 평가하면 되는 걸까. 기차를 타고 스쳐 지나가기만 했던 도시, 광명을 '목적지'로 입력하고 찾아가봤다.

광명시의 새로운 이슈메이커

광명시민들에게는 조금 민망한 고백이지만, 10여 년 전까지만 해도 나에게 광명시는 경부선 열차를 타고 서울로 향할 때, 목적지에 거의 다 왔음을 알리는 이름 정도일 뿐이었다. 특별한 매력이나 이렇다 할 관광지도 없었던 광명시가 사람들의 이목을 끌기 시작한 것은 2011년 즈음이다. 버려졌던 폐광이 '광명동굴'로서 새 출발 하게 됐음을 알린 게 그 해 여름이었고, 연말에는 세계적으로 명성이 자자한 스웨덴의 가구 기업 '이케아'가 우리나라에 진출하는 첫 발판으로서 광명시가 낙점됐다.

2011년 당시에는 우려도 많았고 반대하는 목소리도 컸던 이 두 프로젝트가 지금은 광명시를 대표하는 이슈메이커가 됐다. 어느 해 연휴 기간에는 '광명동굴'과 '이케아 광명점'이 유명 내비게이션 앱들의 검색어 순위 상위권을 차지했다는 뉴스가 나왔을 정도다.

광명동굴 일원에 위치한 광명시 자원회수시설.
눈에 띄는 외관으로, 광명동굴에 도착했음을 알리는 랜드마크 역할을 한다.

광명동굴에 거의 도착했을 때 즈음, 하늘 높이 솟아오른 꽃분홍색의 화려한 굴뚝이 먼저 눈에 들어왔다. 가까이 가서 보니 '광명시 자원회수시설'이라는 건물이었다. 마치 동화 속에 나오는 초콜릿 공장 같은 분위기가 물씬 풍겼다. 그 옆에는 폐품을 활용해서 만든 작품들을 전시하는 '광명업사이클아트센터'가 있었고, 2016년 '프랑스 라스코 동굴벽화전시'로 유명해진 기획전시관에는 미디어아트 전시가 한창이었다. 흔한 동굴 관광지 정도를 상상했던 예상과 달리, 광명동굴은 '재생'과 '빛'을 소재로 한 테마파크로 진화 중인 듯했다.

사람들이 몰릴 시간대를 피해 평일 아침 일찍 방문했음에도 불구하고, 외국인 관광객과 일반 시민들, 그리고 현장학습을 나온 어린이들로 광명동굴은 이미 떠들썩했다. 2015년 유료화된 후 지금까지 약 7백만 명이 광명동굴을 찾았다고 한다(2021년 4월 기준). 2017년부터 2021년까지 문화체육관광부와 한국관광공사에서 2년에 한 번씩 선정하는 '한국 관광 100선'에 연속 세 번 들기도 했다. 그야말로 대박이었다.

광명동굴 내에는 동굴의 역사와 사람들의 이야기를 담은 사진이나 모형들이 전시되어 있어, 이곳에 얽힌 오랜 시간의 흔적을 느낄 수 있다.

사실, 광명동굴의 내부는 중국 장가계張家界의 유명한 황룡동굴 같은 곳에 비하면 그 웅장함이나 화려함에서 어딘가 부족하다는 느낌이 있었다. 대기업에서 만든 테마파크들처럼 능숙한 기술과 세련된 아이템으로 무장하지도 않았다. 그런데도 광명동굴은 매력적인 장소였다. 아마도 이곳이 치열한 삶의 현장이었다는 역사의 흔적이 고스란히 남아 있기 때문일 것이다.

광명동굴을 단지 광산의 기능이 다한, 지나간 시절의 산업유산으로만 설명하기엔 부족함이 있다. 일제강점기에는 사람들이 징용을 피하기 위해 이곳을 찾아와 광부가 되었고, 한국전쟁이 치러지는 동안에는 피난민들의 소중한 안식처였다. 광명동굴은 우리 역사의 가장 비극적인 순간들을 목격한 증인인 셈이다. 광명동굴의 성공을 논할 때면 이 개발사업을 뚝심 있게 추진한 광명시 공무원들의 공을 치하하곤 한다. 하지만 이 장소가 수십 년간 겪었던 역사의 순간들이 빚어내는 아우라가 뒷받침되지 않았다면, 오늘의 성공은 없었을 거라 짐작해본다.

광명시 일직동에 위치한 이케아 광명점. 우리나라에 개장한 첫 번째 이케아 매장이다. 이케아 광명점은 오픈한 당해 연도에 전 세계 이케아 매장 중에서 가장 많은 매출을 달성했다고 한다.

평수별, 공간별 가구 배치와 인테리어 샘플을 보여주는 이케아의 쇼룸.
이곳에서 고른 상품들을 바로 구매하는 시스템으로 운영된다.

광명동굴에서 차로 불과 10분 남짓 떨어진 곳에 이케아 광명점이 있다. 직선거리로는 1.5km에 불과한 거리다. 이케아가 생긴 이후, 중소 가구업체들이 타격을 크게 받은 것은 사실이다. 그들 사이의 무한경쟁을 추구할 것인지, 아니면 중소기업들을 위한 최소한의 배려는 있어야 하는지에 대한 논의는 미뤄둘까 한다. 그보다는 왜 사람들이 중소업체가 아닌 이케아를 찾는지를 이야기하는 것이 더 중요하기 때문이다.

싼 가격에 괜찮은 디자인의 물건을 구매할 수 있다는 원초적인 장점 외에, 이케아가 사람들의 발길을 잡아끄는 다른 이유가 있다. 이케아에는 소위 '공룡'이라는 수식어가 항상 따라다니는데, 사실 이것만큼 이케아의 실체를 왜곡시키는 표현도 없다. 이케아와 중소업체들 사이의 경쟁은 몸집이나 가격의 문제만이 아니다.

이케아는 사람들의 생각을 바꿔놨다. 이케아가 무서운 것은 가구도 유행 따라 쉽게 바꾸는 소비품이라는 '가치관'을 소비자의 머릿속에 심어줬기 때문이다. 그리고 그 가치관을 실천할 수 있는 방법까지 눈으로 보여준다. 집 크기에 따라, 공간의 성격에 따라 어떻게 인테리어하면 좋을지 실물로 보여주고, 바로 그 자리에서 구매까지 할 수 있는 시스템이다. '경험을 판다'는 이야기는 이제 진부하다. 이케아는 경험의 연속적인 과정을 팔고 있었다. 이케아 광명점을 방문했던 날, 나에게 조금 여유가 있었더라면 아마 몇 시간이고 돌아다니면서 구경을 하고 인테리어 소품들을 쇼핑카트에 한 아름 담아 나왔을지 모른다.

도시의 혁신은 어디에서 오는 걸까

이케아 광명점 덕분에 광명시는 새로운 문화를 경험할 수 있는 선진적인 도시가 됐다. 도약을 위해서는 혁신이 필요하다. 때로는 그 혁신이 외부의 거대 자본에 의해 반강제적으로 이루어지더라도, 그로 인한 변화에 적응하고 동화되기도 하면서 광명시의 내공도 한층 더 탄탄해질 것이 분명하다.

'광명동굴'과 '이케아 광명점'은 태생부터 개발과정까지 완전히 다른 성격을 가진다. 광명동굴이 도시가 가진 자원을 발굴하고 재해석한 전략이었다면, 이케아 광명점은 세계적으로 인정받은 대기업의 철학과 노하우를 도시 내에 그대로 이식한 결과다. 하지만 이 이질적인 장소들의 어색한 동거는 미묘한 균형감을 이루고 있었다. 광명동굴이 보여주는 지역의 역사적 깊이감도 중요하고, 일개 중소도시가 스스로 생각해내기 어려운 참신한 문화적 시도를 외부에서 받아들이는 것도 필요한 일이다. 도시의 혁신을 이루는 일은 결국 이 두 가지 전략의 아슬아슬한 줄타기 속에서 이루어지는 것이 아닐까.

브랜드스케이프

브랜드스케이프는 브랜드를 홍보하기 위해 이를 직접적으로 경험할 수 있는 공간을 제안하는 마케팅 전략을 뜻하는 말이다. 이전까지의 브랜드 전략이 판매하는 방법에 집중했다면, 브랜드스케이핑은 소비자가 어떻게 생각하는가에 초점을 맞추고 있다. 건축가 안나 클링만 Anna Klingmann은 그의 저서 『Brandscapes』에서 현대 건축 이론과 실천의 중심은 브랜드 경험을 디자인하는 것에 있으며, 건축이 브랜딩의 콘셉트와 방법을 이용할 수 있다고 주장했다. 빠르고 효과적인 판매 전략으로서가 아니라 경제적, 문화적 변화의 전략으로서 브랜딩의 요소들을 차용하는 것이다. 현대 도시의 건축물들은 단지 스카이라인을 형성하는 것 이상으로 그 자체가 광고물이자 목적지가 된다. 경험 경제의 패러다임 속에서 경험은 곧 상품이다. 사람들은 더 이상 물건을 소비하는 것이 아니라 감정, 느낌, 그리고 라이프스타일을 구매한다. 브랜드스케이프의 환경은 우리가 일하고 생활하는 공간에 그치지 않고, 우리가 상상하는 우리 자신이 투영된다. 즉, 브랜드스케이프는 어떤 기업 혹은 도시의 정체성이 표현된 것이다. 한편, 안나 클링만은 브랜드스케이프의 위험성에 대해서도 경고했다. 도시에 대한 포괄적인 접근 없이 단지 상징적인 건물을 만드는 것에만 몰두하거나, 기존의 복잡한 사회 구조로부터 형성된 정체성을 단절시키는 브랜드스케이프 전략은 '복제된 문화culture of the copy' 일 뿐이라고 비판했다. 경험이 상품화될수록 우리가 사는 이 세계의 경관은 점차 더 유사해질 것이라고 했다.

참고자료

오현주·이재규, "아웃도어 라이프스타일 숍의 브랜드스케이프에 관한 연구", 『한국공간디자인학회 논문집』 12(1), 2017, pp.137~149.

A. Kilingmann, *Brandscapes: Architecture in the Experience Economy*, Cambridge, Mass: MIT Press, 2007.

뉴욕의 타임스퀘어. 현대 도시의 건축물들은 그 자체가 광고물이자 목적지이며, 도시의 정체성이 투영돼 있다.

하남

스타필드가 던진 명과 암

“스타필드 가봤어?” 하남에 스타필드가 처음 생겼던 그때, 거짓말 조금 보태서 인사처럼 주고받던 질문이다. 복합문화공간이라는 것이 더 이상 새롭지도, 흥미롭지도 않은 요즘 스타필드는 도대체 어떤 곳이길래 이 정도로 화제를 일으키는 건지 궁금해졌다. 전통시장, 골목상권의 생존권 문제도 복잡하게 얽혀 있어, 스타필드를 어떻게 평가하면 좋을지 고민도 됐다. 그래, 나도 한번 가보자. ‘미사리 카페촌’으로만 알고 있었던 그 동네. 이제는 풍경도, 사람들의 활동도, 도시의 이미지도 달라졌다. 전통상권과의 갈등을 차치한다면 이런 대형쇼핑몰의 입지는 긍정적으로 봐도 좋은 걸까.

하남시에 떨어진 거대한 임팩트, 스타필드

2016년 9월 거대 복합쇼핑몰 '스타필드'가 경기도 하남시에 1호점 개점을 알렸다. 한 장소 내에서 여러 가지 문화를 함께 즐기는 일이 더 이상 놀라울 것도 없는 요즘이지만, 스타필드는 오픈과 동시에 엄청난 흥행몰이를 했다. 스타필드를 다녀온 지인들은 "이런 곳은 처음 봤다"는 감상평을 늘어놓기 일쑤였다. 750여 개의 브랜드 매장이 들어와 있고 쇼핑 동선이 시원시원해 쇼핑몰로서는 최고라고들 했다. 무엇보다 전무후무한 스포츠 체험 테마파크 '스포츠몬스터'나 스파 시설 '아쿠아필드'가 단연 화제였다. 그만큼 하남시라는 도시도 사람들 입에 부쩍 자주 오르내렸다. 그동안 하남시가 이렇게 대중적으로 홍보가 된 적이 있을까 싶을 정도였다.

하남시를 찾은 나는 스타필드 말고 또 어디를 가보면 좋을지 알아보려 먼저 시청으로 향했다. 관광 지도를 달라는 말에 안내직원은 적잖이 당황한 눈치였다. 문화체육과 사무실까지 올라간 끝에, 책상 서랍 깊숙한 곳에 잠자고 있던 관광 지도 하나를 얻을 수 있었다. 그만큼 하남시는 외지인이 관광을 위해 일부러 찾는 도시는 아니었다. 그랬던 사정이 스타필드 개점으로 180도 바뀐 셈이다.

경기도 하남시에 문을 연 대형 복합쇼핑몰 스타필드 1호점.

스타필드가 만들어내고 있는 파급효과는 어마어마하다. 서울의 일개 위성도시에 불과한 하남시에 사람이 모이고 돈이 모이고 있다. 서울이나 다른 경기도에 사는 사람들이 주말이면 스타필드를 한 번 와보려고 아우성이다. 일대 부동산 가격도 많이 올랐다는 모양이었다.

반면, 주변의 전통적인 골목상권에 미치는 영향을 우려하는 목소리도 적지 않았다. 하남시 원도심에 있는 신장전통시장의 상인들은 스타필드가 들어온 이후 장사가 더 안된다며 불만을 내비쳤다. 하남시의 여러 전문가들이 모여 만든 '하남인 포럼'이라는 단체에서는 2016년 심포지엄을 개최해, 스타필드의 영향력을 진단해보며 골목상권과의 상생을 고민하기도 했다. 대기업 유통업체들이 숙명적으로 가지게 되는 지역상권 보호란 숙제로부터 스타필드 역시 피해갈 수 없는 듯했다.

하남시 신장동의 신장전통시장. 스타필드가 들어온 이후 20~30대 손님들이 줄었다는 이야기가 많다.

스타필드가 하남시에 미치는 영향은 이런 경제적인 문제에 그치지 않는다. 대한민국 최초의 쇼핑 테마파크를 자처하는 스타필드는 축구장 70개를 합친 크기의 엄청난 규모다. 하지만 막상 스타필드 내에 있으면 이 공간의 거대함을 망각하게 된다. 그 안에 있는 또 다른 '넓은 공간'인 쇼핑몰, 영화관, 스파 시설 따위를 이용하면서, 스타필드가 얼마나 광활한지는 잊어버리고 만다. 스타필드 자체가 마치 하나의 독립된 세상 같다. 실제로 스타필드는 자동차도로와 하우스단지, 공사 중인 주택지로 둘러싸여, 꼭 섬과 같은 모습을 하고 있었다. 스타필드 덕분에 하남시에 사람들이 모이지만, 주변의 도시 풍경에는 관심을 기울이지 않게 되는 현상도 나타난 것이다.

대한민국 최초의 쇼핑 테마파크를 지향하는 스타필드 하남점의 내부 모습.
쾌적한 쇼핑 동선과 다양한 브랜드 매장을 자랑한다.

스타필드의 또 다른 그림자

사실, 스타필드의 매장들은 꽤 고가의 상품을 취급하고 내부 시설의 이용요금도 만만치 않다. 그래서 스타필드가 골목상권의 손님들을 빼앗아 간다는 이야기가 선뜻 이해되지 않았다. 스타필드에 입점해 있는 대형 창고형 매장 '이마트 트레이더스'가 골목상권에 적지 않은 피해를 줄 것이라 예상이 되지만, 그래도 하남시의 신장전통시장은 스타필드와는 다른 매력이 있는 곳임이 분명했기 때문이다. 문제는 대기업만이 제공할 수 있는 가격이나 편의시설 같은 게 아니라, 사람들을 기존 도시로부터 분리해내는 스타필드의 거대함이 아닐까 하는 생각이 들었다.

하남시 한강변에서 보이는 도시와 자연의 풍경.
한강을 따라 '문화생태탐방로'가 조성돼 있어 산책로로 이용하는 주민들이 종종 보인다.

스타필드를 나와 주변을 살펴보던 나는, 여기가 본래 '미사리 카페촌'이라고 불리던 거리였음을 깨달았다. 90년대 말, 이곳은 수십 개의 라이브카페들이 즐비했던 대단한 명소였다. 지금은 두어 개의 라이브 카페만이 남아, 예전의 화려했던 시절을 묵묵히 회상하는 듯 자리를 지키고 있을 뿐이었다. 독특한 경관의 파노라마를 펼치며 지나는 사람들에게 말을 걸던 거리 대신, 독보적인 하나의 거대한 테마파크가 들어선 모습은 어딘가 아쉬운 풍경이었다.

지금도 '미사리 카페촌'이라는 이름이 남아 있긴 하다. 다만 예전과 같은 라이브 카페촌이 아니라, 각종 음식점들이 모여 있는 먹자골목에 가깝다. 그 뒤로는 한강의 고즈넉한 풍경이 펼쳐지는데, 도시의 풍경과 농촌의 풍경이 묘하게 공존하고 있는 모습이 매력적이다. 한편으로는 하남종합운동장, 미사리 경정공원, 그리고 하남시가 자랑하는 '유니온파크' 등, 시민들을 위한 여가체육시설이 풍부하게 조성돼 있다. 유니온파크는 지하에 폐기물처리시설과 하수처리시설이 있고, 지상에 체육시설과 어린이 물놀이장, 그리고 전망타워를 만들어 놓은 재미있는 공간이다. '라이브 카페촌 미사리'가 사라진 건 서운하지만, '미사신도시'라는 새로운 이름이 무색하지 않은 건강한 주거환경을 갖게 된 것은 환영할 만한 변화였다.
스타필드는 이미 2016년 12월 서울 코엑스몰에 2호점을 냈고, 연이어 2017년 8월 고양시에 3호점을 오픈했다. 2020년에는 스타필드 안성이 문을 열었으며, 청라국제도시에도 역대 최대 규모로 착공에 들어갔다는 소식이 들려온다. 하남시는 이제 스타필드 효과에서 벗어나 고유의 도시 비전을 만들어나가는 일에 충실해야 할 단계에 있다. 서울과 가까운 자연과 웰빙의 도시라는, 하남시만의 매력에 집중해보는 것도 좋을 것이다. 하남시가 스타필드가 아닌 다른 화제로 사람들의 관심을 받을 수 있길 기대해 본다.

빛나는 도시와 제인 제이콥스

'빛나는 도시Ville Radieuse'는 1930년대에 스위스-프랑스의 건축가 르 코르뷔지에Le Corbusier가 추구한 도시계획으로, 역사상 가장 큰 영향력을 발휘했으면서 한편으로는 논란도 많았던 유럽 모더니즘의 도시계획 이념 중 하나이다. 르 코르뷔지에는 현대국제건축회의Congres Internationalux d'Architercture Moderne, CIAM를 설립해 20세기 초의 근대건축운동을 선도했다. 그는 기능적이고 효율적인 도시 구조를 중시하여, 도시 중심에 고층 건물을 밀집시키고 주요 교통망을 수직적으로 배치했다. 수직적 교통이란, 도로를 7층으로 분리해 지하 2층에는 장거리 철도, 지하 1층에는 교외철도, 그리고 지하철, 지면의 보행자 전용도로, 고가도로, 그리고 가장 상층에 공항을 배치하는 것을 의미한다. 르 코르뷔지에는 이렇게 공간의 이용 밀도를

파리의 부도심. 라 데팡스(La Defense)는 르 코르뷔지에의 도시계획 기법을 지향하며 건설됐다.
고층빌딩이 밀집해 있는 풍경을 멀리서도 볼 수 있다.

높임으로써 오픈스페이스와 녹지를 확보하고자 했다. 그의 도시계획은 20세기 현대 도시에 큰 영향을 미쳤지만, 이에 대한 비판도 많이 제기되고 있다. 대표적으로, 제인 제이콥스Jane Jacobs는 유명한 그의 저서 『미국 대도시의 죽음과 삶The Death and Life of Great American Cities』에서 르 코르뷔지에의 도시계획 이념이 "대도시의 삭막함을 가져온다"라고 평가했다. 제인 제이콥스는 대규모 근대 도시계획과 도시재개발 사업, 고가도로 개발 계획에 반대하고, 일상적이고 비공식적인 관계로 형성되는 근린 중심의 도시계획이 이루어져야 한다고 주장했다. 바람직한 도시는 성공적인 근린을 형성하는 것이며, 조화롭고 활력있는 근린은 각종 도시문제를 예방하는 효과도 있다고 보았다. 성공적인 근린의 요소로는 다양한 토지이용의 혼합적 구성, 크기가 작고 상호작용이 원활한 블록, 근린을 구성하는 건물 연령의 조화, 인구의 충분한 밀집 등을 제시했다.

참고자료

신정엽, "Jane Jacobs의 도시 사고를 토대로 한 도시기원 이론의 고찰", 『한국지리학회지』 8(3), 2019, pp.497~516.

이상율·채승희, "Le Corbusier와 E. Howard의 도시계획에 관한 비교연구", 『한국도시지리학회지』 14(3), 2011, pp.19~29.

J. Jacobs, *The Death and Life of Great American Cities*, New York: Random House, 1961.

수원

세계문화유산과 더불어 살아가기

유네스코에서 세계문화유산이나 자연유산, 혹은 창의도시로 인정받았다는 홍보 글귀들을 종종 본다. 이런 것들에 지정되면 유네스코로부터 어떤 지원이라도 받는 걸까. 딱히 그렇지 않다. '유네스코' 이름을 도시 프로모션에 쓸 수 있다는 영광 뒤에는 더 까다롭고 철저한 의무들이 기다리고 있다. 수원에는 조선 시대의 뛰어난 건축물인 화성이 있고 그것이 세계문화유산으로 지정이 됐다더라 하는 건조한 팩트만 익히 들었을 뿐, 실제로 도시민과 도시의 문화에 어떤 영향을 주고 있는지는 별로 관심이 없었다. 세계문화유산이 휘감고 있는 도시 수원, 그곳에 사는 사람들은 과연 행복할까.

'인류 공동의 유산'이란 명예의 무게

경기도 수원시에는 유네스코 세계문화유산이 있다. 바로 정조가 세운 조선 시대의 성곽, '화성華城'이다. 화성이 세계유산으로 지정된 것은 1997년의 일로, 이보다 앞선 우리나라의 세계문화유산은 해인사 장경판전, 종묘, 석굴암과 불국사 정도뿐이다.

세계유산이 되기 위한 조건은 하나다. 한 나라에 국한되지 않는 '탁월한 보편적 가치'가 있어야 한다는 것. 막연한 슬로건 같은 이 가치를 평가하기 위한 항목은 문화유산과 자연유산을 합쳐 총 10가지다. 그 밖에도 원래 모습과 가치를 보여줄 수 있어야 하고 제도적으로 관리 정책이 마련돼 있어야 한다는, 꽤 까다로운 조건이 걸려있다. 이 치열한 검증을 통과하면 '인류 공동의 유산'이라는 명예와 함께 더 엄격하고 철저한 유산 보호의 의무가 생긴다.

수원천의 범람을 막고 군사적 방어의 기능을 갖춘 수원 화성의 북쪽 수문인 화홍문.
그 옆으로 다른 성곽에서는 볼 수 없는 독창적인 건축물로 평가되는 방화수류정의 모습이 보인다.

수원 화성은 '건축기술이나 도시계획 분야에서의 중요한 진보가 이루어진 것을 반영한 결과물'이라는 두 번째 기준과, '어떤 인류 문명에 대한 독보적인 증거'라는 세 번째 기준에 따라 세계문화유산으로 이름을 올리게 됐다. 그 이전 시대까지와는 다르게 과학적으로 진일보된 장비와 재료로 만들었다는 점을 인정받은 것이다.

화홍문을 통과해 화성 내로 흐르는 수원천.

수원 화성은 기본적으로 처음 만들어졌을 때의 모습도 잘 남아있고, 파손된 일부분들은 엄격하게 고증해 복원됐다. 지금 우리가 보는 화성은 그 옛날 조선시대의 모습 거의 그대로라고 해도 좋은 수준이다. 정조의 신도시였던 화성의 가로들이 지금도 그 골격을 유지하고 있고, 화홍문을 통과하는 수원천은 화성이 처음 지어질 때부터 정조가 중요하게 고려했던 환경요소였다. 이 수원천은 90년대에 복개가 진행되기도 했었지만, 시민들의 반대로 도중에 공사가 중단되었고 이미 복개가 된 구간도 2005년 철거가 결정됐다. 이후 2011년까지 복원 공사가 이루어져 지금은 가장 성공적인 생태하천의 재생 사례로 주목받고 있다. 덕분에 수원천을 품고 세워진 신도시 화성의 모습이 더욱 완벽하게 되살아나게 된 것이었다. 현대 도시의 풍경 속에 녹아들어 있는 옛 도시의 흔적은 익숙한 일상의 경관인 듯하면서도, 문득문득 시공을 초월하는 착각을 일으키곤 했다.
하지만 정작 이곳에 사는 사람들의 삶이 낭만적이지만은 않았다. 수원 화성이 감싸고 있는 마을 '행궁동'은 그 이름에서부터 고풍스러움이 묻어난다. 정조의 임시 거처였던 화성행궁에서 비롯된 지명이다. 도시의 다른 지역들이 빠르게 발전해나가는 동안 문화재 보호라는 사명을 받은 행궁동의 시간은 멈춰버렸다. 마을 사람들은 유네스코 세계문화유산을 지킨다는 자부심보다는, 보상을 받아 이곳을 떠나겠단 생각으로 하루하루를 버텼다고 했다.

문화유산과 함께하는 라이프스타일

그러던 2003년의 어느 날, 마을이 점점 생기를 잃어가는 것을 안타까워한 사람들이 발 벗고 나서면서 행궁동에 변화의 바람이 불기 시작했다. 부모님과 살던 집을 손수 개조해 미술관을 만들고, 예술가들과 주민들의 작품으로 채워 나갔다. 개인 전시를 하기 위해선 서울까지 가야 했던 수원의 젊은 작가들이 자신의 도시에서 마음껏 활동을 할 수 있게 됐고, 덩달아 수원의 문화예술자원도 한층 풍족해졌다. 자발적으로 일궈내고 있는 마을재생의 노력들은 지역 안팎의 관심을 받게 되어, 수원 화성의 그림자에 가려져 보지 못했던 사람 사는 공간에 보다 더 집중해보는 계기가 됐다.

개인집을 개조한 행궁동 내의 예술전시공간.
국내외 예술가들이 함께 참여해 공간을 꾸미고 전시를 기획하고 있다.

2013년에는 아주 특이한 축제가 이 행궁동에서 벌어지기도 했다. 세계 최초의 '생태교통 축제'였다. 한 달 동안 '자동차 없이 살아보기'를 한 것이다. 행궁동 일원에서는 일체의 자동차 운행이 금지됐고, 그 대신 자전거나 친환경 이동수단들을 이용하도록 했다. '미래에 화석연료가 고갈되고 나면 어떤 생활을 하게 될까?'란 질문에서 시작된 일이었다. 어떤 주민들에게는 이런 축제가 아마 날벼락 같은 것이었을지도 모른다.

하지만 생태교통이라는 테마는 도시의 문화유산과 공존하기 위한 가장 적합한 라이프스타일이다. 문화재를 보호하기 위해 개발이 제한된다는 조건은 약점이나 굴레가 아니라, 옛 도시의 경관과 구조를 간직한 개성 있는 도시로 성장할 수 있는 발판이 될 수 있다. 그런 도시를 경험하기에는 빠른 속도의 자동차보다 구석구석을 탐색할 수 있는 생태교통이 안성맞춤이다. 문화유산을 지키느라 과거에 머물러 있기만 하지 않고, 더욱 미

2013년 9월 생태교통축제가 열린 행궁동 일원의 생태교통마을.

래적인 생활을 추구하는 도시가 되는 것이다. 역사의 오래된 유산이 다른 지역보다 먼저 미래 가치를 실천하는 기폭제 역할을 하는 셈이다. 세계문화유산의 가치는 그래서 오히려 더 빛날 수 있다.

세계문화유산이란 이름으로 그곳을 삶의 터전으로 삼고 살아가는 사람들에게 희생과 인내만을 강요할 수는 없다. 세계문화유산과 함께 살아가는 법을 알려주고, 문화유산의 보호·관리와 더불어 그 도시의 라이프스타일을 함께 디자인해야 한다. 그 옛날에도 수원화성은 단지 성곽이 아니라, 그 안에서 살아가는 사람들을 위한 도시였다. '휴먼시티'를 표방하는 수원이 더욱 인간적인 도시로 거듭나길 바라본다.

유네스코 유산

유네스코에서는 세계유산, 무형문화유산, 세계기록유산의 세 가지 분야로 구분하여 유네스코 유산을 지정하고 있다. 유네스코의 유산 보호 사업은 1972년 이집트 아스완 하이 댐 건설로 고대 누비아 유적들이 수몰 위기에 처하자 이를 보호하기 위해 '세계 문화 및 자연 유산 보호 협약'을 맺으면서 시작됐다. 이 협약에 의해 세계유산이 지정된다. 이후 2003년 제32차 유네스코 총회를 통해 '무형유산 보호 국제협약'이 채택되어 무형문화유산의 체계적인 관리와 보호가 가능하게 됐다. 세계기록유산은 국제자문위원회IAC 회의에서 등재를 권고받고 유네스코 사무총장이 최종 승인함으로써 결정된다. 세계유산은 다시 문화유산, 자연유산, 복합유산(문화유산과 자연유산의 특징을 동시에 충족하는 유산)으로 구분하고 있다. 세계유산은 여러 건축물들을 포함해서 지정되기도 하는데, 우리나라의 경주역사유적지구, 산사, 서원, 하회와 양동 마을 등이 여기에 해당된다. 2019년 기준 우리나라에서 등재된 세계유산은 석굴암과 불국사(1995년), 해인사 장경판전(1995년), 종묘(1995년), 창덕궁(1997년), 화성(1997년), 경주역사유적지구(2000년), 고창•화순•강화 고인돌 유적(2000년), 제주화산섬과 용암동굴(2007년), 조선왕릉(2009년), 한국의 역사마을: 하회와 양동(2010년), 남한산성(2014년), 백제역사유적지구(2015년), 산사/한국의 산지승원(2018년), 한국의 서원(2019년)으로, 총 14개이다. 전 세계에서 가장 많은 세계 유산은 보유한 나라는 이탈리아와 중국이다.

참고자료

문화재청 국가문화유산 포털(heritage.go.kr)
유네스코 한국위원회(heritage.unesco.or.kr)

이탈리아의 베네치아(베니스)는 구시가지 전체가 유네스코 세계문화유산으로 등재돼 있다.
덕분에 도시의 옛 모습이 잘 보존되어 있지만, 구시가지에 사는 시민들은 사소한 집수리도 마음대로 하지 못하는 등 많은 불편을 감수하고 있다.

안산

잊지 않기 위한 기억, 生을 위한 공간

세월호 사건의 후유증은 여전히 우리 주변을 맴돌고 있다. 희생자들을 추모하는 방식을 두고 사람들 간에 갈등도 일어났다. 그 중심에 있는 안산시는 아직도 2014년 4월에 멈춰있는 듯하다. 두말할 것 없이 일어나서는 안 됐을 비극이었다. 하지만 계속 과거에 머물러 슬픔을 되새김질하는 것만이 진실된 추모일까. 잊지 않으면서, 현재와 미래의 삶을 위해 나아갈 수 있는 방법은 무엇일까.

세월호 비극이 투영된 도시

2014년 4월 16일, 아직도 그날 아침 뉴스를 보며 경악을 금치 못했던 기억이 선명하다. 이날은 3백여 명이 사망한 대참사, 세월호 침몰사고가 일어났던 날이다. 발표되는 희생자 수가 늘어갈 때마다 슬픔과 분노로 심장이 마비되는 것만 같았다.

세월호가 침몰한 것은 진도 인근 해상이었다. 수색작업이 한창이던 당시, 진도 팽목항은 사망자수습과 여러 애도행사가 이루어지는 거점이 됐다. 2017년 3월 인양돼 3년 만에 모습을 드러낸 세월호는 앞으로 목포 고하도에 영구히 거치될 예정이다. 하지만 세월호 사건과 가장 관련이 깊은 도시는 아무래도 경기도 안산시일 것이다. 세월호를 타고 수학여행을 떠나던 안산시의 단원고 학생들이 대거 희생됐기 때문이다. 수많은 어린 학생들이 한꺼번에 목숨을 잃은 세월호 침몰사고의 비극성은 이 안산시란 도시에 그대로 투영되고 있다.

안산시 초지동 화랑유원지에 마련돼 있었던 세월호참사 희생자 정부합동분향소.
2018년 4월 4주기 추모식을 마치고 철거됐다.

지금 안산시는 세월호 사건과 그 희생자들을 기억하고 그리는 도시가 됐다. 세월호 사건을 계기로 만들어진 소위 '416 공간'들이 생겨났다. 희생자들을 추모하는 공간들, 유가족과 시민들의 모임들, 그리고 함께 슬픔을 나누고 위로를 받기 위한 커뮤니티들이다. 세월호 사건의 상징이 된 '노란 리본'을 매단 상점들을 '노란 가게'라 부르는데, 이런 곳까지 합치면 그 수가 상당하다.

그중 안산교육지원청의 한쪽 건물에 마련된 '기억 교실'은 단원고 학생들이 생전에 지냈던 교실을 재현해놓은 대표적인 416 공간이다. 벌써 몇 해가 지났지만, 기억 교실은 마치 시간여행을 하듯 사건이 일어났던 그때의 극심한 슬픔을 불러일으키게 하는 곳이었다. 꿈을 채 펼쳐보지도 못하고 스러져간 어린 학생들의 안타까운 마지막 시간들이 그곳에 고스란히 남아 있어서, 비통한 마음이 가실 줄을 몰랐다.

단원고 희생자들의 자취가 남아 있는 기억 교실은 사고 이후 2년간 단원고에 그대로 보존됐었다가 지금은 안산교육지원청으로 옮겨졌다.

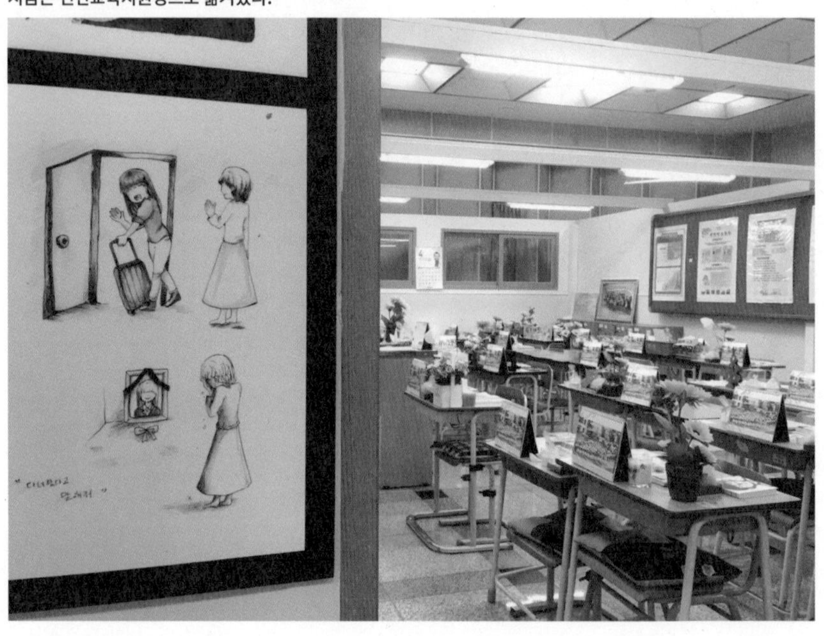

그들의 '삶'을 기억하라

물론 '기억'에 충실한 공간도 중요하지만, 이다음으로 나아가기 위한 치유와 공감의 장소도 필요하다. 미국 하버드대의 와이드너 도서관은 타이타닉호 침몰사고로 아들을 잃은 한 어머니가, 책을 좋아하던 아들을 기리기 위해 기부금을 내어 지은 것으로 유명하다. 덕분에 많은 학생들이 한층 쾌적해진 환경에서 공부에 열중할 수 있게 된 건 당연했다. 와이드너 도서관은 죽음보다 삶을 기억하는 곳이다. 그 어머니는 단지 아들의 죽음을 애도하는 데 그치지 않았다. 대신 아들 인생에서 가장 빛나던 순간을 다른 사람들과 공유하고자 했다. 아들과 비슷한 나이의 학생들이 아들이 미처 누리지 못한 현재를 대신해서 이어나가는 것을 보며, 어머니는 자식을 잃은 깊은 슬픔을 새로운 경험과 기억으로 정화할 수 있지 않았을까.

2017년 9월 29일부터 10월 1일까지 안산시 화랑유원지에서 열린 제5회 경기정원문화박람회에서는 세월호 유가족들이 만든 미니정원이 전시되었다.

안산시 화랑유원지에서는 2017년 9월 말부터 10월 초에 걸쳐, 제5회 경기정원문화박람회가 열렸다. 그해 박람회장에서 특히 눈에 띄었던 것은 세월호 유가족들이 만든 미니정원들이었다. 작품 하나하나마다 아이들을 그리워하는 진한 마음이 전해지는 듯했다. 유가족들은 정원을 만들기 위해 추억을 떠올리고, 아이들에게 가장 전하고 싶은 메시지가 무엇인지, 아이들이 어떤 이야기를 하고 싶어 할지 돌아보는 시간을 가졌을 것이다. 그리고 미니정원을 통해 그 많은 감정과 이야기를 표현한 것은 좋은 방법이었다. 이 작은 공간이 다른 사람들과 감정을 공유하는 통로가 됐기 때문이다.

'생명과 안전의 도시'를 꿈꾸는 안산시.

세월호 희생자들의 봉안시설과 전시·교육시설이 복합된 '4·16 생명안전공원' 조성계획이 논란 끝에 본격적으로 추진되고 있다. 공원의 예정부지는 화랑유원지 일원이다. 안산의 대표적인 공원인 만큼 찬반 의견이 심각하게 대립했다. 추모공원을 지지하는 사람들은 반대의 목소리를 님비NIMBY라 비난하고, 반대하는 이들은 사자死者의 공간이 일상과 가까워지는 것에 대한 전통적인 금기의 감수성을 호소한다. 두 입장 모두 이해는 되지만, 어찌 됐든 희생자들을 추모하는 방식을 두고 한 도시공동체 내에서 갈등이 벌어지는 건 안타까운 일이었다.

기억은 눈에 보이는 어떤 공간에 담기지 않으면 쉽게 사라지거나 왜곡되며, 새로운 추억이 덧붙여 쌓일 수 없다. 그 때문에 세월호 희생자 추모공원은 세월호 사건의 악몽을 떨쳐내고 앞으로 나아가기 위한 물리적인 기반으로서 분명 의미가 있다. 다만 그것은 반드시 소통의 공간이어야 한다. 세월호 사건은 단지 유가족들만의 아픔이 아니라 단원구민, 나아가 안산시민, 혹은 더 나아가 우리나라 국민 모두가 극복해야 할 트라우마 같은 사건이었다. 죽음의 슬픔을 드러내기보다는, 삶을 이어나가게 하는 장소가 필요하다. 안산시의 모든 이들이 위로의 마음을 주고받고 더 나은 삶을 꿈꿀 수 있는 공간이 탄생할 수 있기를 바란다.

기억의 장소

기억의 장소란 전통적인 삶의 형식들이 결부된 장소로부터 삶의 맥락들이 단절되거나 파괴된 흔적들을 보존하는 장소로, 프랑스의 역사가 피에르 노라Pierre Nora가 과거와 단절된 기념 공간들을 지칭하면서 사용된 개념이다. 기억의 장소에 포함되는 기억은 산 자의 것뿐만 아니라 죽은 자가 과거에 간직했던 기억도 포함된다. 관심을 갖지 않으면 사라져 버릴 수 있는 과거의 기억들은 생생한 체험을 간직한 채 어떤 장소에 남아서 존재한다. 과거를 기초로 현재와 미래에 생기를 불어넣기 위해서는 과거와 현재 사이에서 균형을 회복해야 한다. 또 과거의 생생한 체험을 간직한 장소는 그 균형을 회복시킬 수 있는 장소이다. 하지만 과거의 생생한 기억은 그것이 살아갈 수 있는 환경Milieux이 없으면 사라진다. 피에르 노라는 전통적 삶의 형식들이 결부된 장소를 기억의 한가운데Milieu de mémorie, 이와 단절되거나 파괴된 삶의 맥락의 흔적들을 보존하는 장소를 기억의 장소Lieu de mémorie라고 표현하였다. 노라에 의하면 기억의 장소들이란 사람들이 회상하는 어떤 것이 아니라, 기억이 작동하는 곳이다. 한편, 문화이론을 연구하는 독일의 학자 알라이다 아스만Aleida Assmann은 역사가 단절된 기념 장소가 계속 보존되고 통용되기 위해서는 소실된 장소의 환경을 보완할 이야기가 있어야 한다고 하였다. 또한, 세대의 장소에서 추모의 장소, 추모의 장소에서 회상의 장소로 넘어가면서 문화적 의미의 틀과 사회적 맥락의 해체, 파괴가 초래되었다고 하며, 시대의 증인들이 갖고 있는 경험기억이 미래에 상실되지 않기 위해서는 후세의 문화기억으로 번역되어야 한다고 주장했다. 문화기억은 사회적으로 합의되어 집단 문화의 상징적 기능을 하는 문화의 집단기억을 의미한다.

참고자료

김지나·조경진, “구철원 시가지의 장소기억 재구성”, 『국토연구』 93, 2017, pp.105~125.

양재혁, “기억의 장소 또는 망각의 장소”. 『사림』 57, 2016, pp.71~100.

알라이다 아스만, 변학수·채연숙 역, 『기억의 공간 : 문학적 기억의 형식과 변천』, 그린비, 2009.

안산교육지원청에 남아 있는 4.16 기억 교실.
4.16의 기억이 계속 보존되기 위해서는 경험기억에서 문화기억으로 전환되어야 한다.

평택

그들만의 요새, 미군기지를 품은 도시 전략

주한미군은 동지인 듯 남인 듯 언제나 우리 주변에 있었다. 이슈도 심심찮게 몰고 다녔다. 이사를 가도, 인원이 줄어도, 철수를 해도 항상 뉴스거리였다. 가깝게는 카투사로 군 복무를 한 친구들이 있었고, '옛날에 여기가 미군기지였대'라는 이야기로 회자되기도 했다. 어느새 많은 미군부대들이 한반도를 떠났고 그 자리만 마치 유적지처럼 남아 역사 속으로 사라지는 듯했지만, 여전히 어떤 도시들은 미군들과 함께 하는 일상을 보내고 있다. 미군과 동거하는 삶은 어떤 풍경, 어떤 문화를 만들어내고 있을까. 그 과정이 아직 현재진행형인 평택에서 한번 확인해보기로 했다.

주한미군, 도시의 숨은 권력자

2017년 7월 미8군 사령부 평택신청사 개관식이 열렸다. 오랜 논란을 뒤로하고, 주한미군기지가 용산에 터를 잡은 지 70여 년 만에 이곳을 떠나 평택으로 이전하게 된 것이다. 미군이 떠나는 이태원에서도, 반대로 대규모 군부대를 맞아들여야 하는 평택에서도 제각각의 이유로 기대와 걱정의 목소리가 가득했다. 그만큼 주한미군은 우리나라에서 군사적인 이유 이상의 영향력을 과시하는 집단이었다.

K-55 공군기지 앞 송탄관광특구는 '리틀 이태원'이란 별명이 무색하지 않게 마치 이태원의 어느 골목에 와 있는 듯한 풍경이었다. 영어로 된 간판이 건물 벽면을 가득 메우고, 환전소와 번역사무소가 곳곳에 보였다. 미군을 위한 렌탈하우스를 취급하는 부동산도 눈에 띄었다. 이제 다른 곳에서는 쉽게 볼 수 없는 맞춤옷 전문점들을 발견할 수 있는 것도 이태원을 연상시키는 특징 중 하나였다. 미군기지는 마치 요새처럼 철저히 그들만의 공간을 가지고 있으면서, 자신들의 언어와 의식주 문화로 주변 도시의 풍경을 모조리 바꾸어 놓는 막강한 권력자 같았다.

K-55 미 공군기지 앞 송탄관광특구의 골목 풍경.

한국전쟁 시절 설치된 평택시의 K-55 미 공군기지는 주민들에게 크고 작은 일거리를 제공했다. 서울에서도 보기 힘들었다던 일본 가전제품을 미군을 통해 중고로 살 수도 있었다. 젊은이들은 미군들이 즐겨듣던 팝송에 함께 열광했다고 한다. 미군기지 때문에 건축 고도제한을 감내해야 했고 소음과 환경오염에 시달렸지만, 미군이 도시가 발전하는 데 지대한 기여를 했다는 사실은 인정할 수밖에 없었다. '송탄'이라는 지명이 두드러지는 것도 그런 맥락에서 설명된다. 사실 송탄은 1995년 평택시에 통합되기 전까지 '송탄시'란 이름의 어엿한 한 도시였다. 심지어 평택시보다 먼저 시로 승격됐다고 하는데, 그 배경에는 미군의 소비파워가 큰 역할을 했을 것이라고 회자되고 있다.

'K-6'라고도 불리는 '캠프 험프리스'는 일제강점기에 건설된 비행장으로, 더 오래된 역사

캠프 험프리스(K-6) 내의 주한미군사령부 건물(좌)과 미8군 사령부 신청사(우).

를 자랑한다. 용산기지의 미8군이 입주하는 새 보금자리가 이곳이다. 캠프 험프리스는 2017년 트럼프 전前 미국 대통령의 방한 일정 중 첫 방문지로 낙점되면서 주목을 받기도 했다. 이곳은 미군의 해외 단일기지로는 세계 최대 규모라고 한다. 기지 내부를 둘러볼 기회가 있어 들어가 본 그곳은 말 그대로 도시 속의 또 다른 도시였다. 학교, 병원, 워터파크, 방송국, 도서관, 체육관, 쇼핑몰, 영화관 등등, 그들만의 요새는 생각보다 화려하고 또 주변 세상으로부터 철저히 분리돼 있었다.

군인들과 가족들, 그리고 군무원까지 약 수만 명이 머무르는 이 요새는 평택시에 어떤 변화를 가져오게 될까. 과거에 이태원이나 송탄지역이 경험했던 것과는 달라야 할 것이다. 전쟁으로 피폐해진 도시에서 바닥부터 다시 시작해야 했던 그때는 미군기지로부터 나오는 소비력과 물자에 의존해 생존하기에 급급했다. 반면 오늘날 평택시의 도약전략에서는 미군기지 자체를 자원이자 기회로 인식하고 활용하겠다는 포부가 엿보인다.

기지촌을 넘어 국제도시로

평택의 고덕신도시는 '주한미군기지 이전에 따른 평택시 등의 지원 등에 관한 특별법'에 의해 건설되는 도시다. 정식 명칭은 '고덕국제신도시'로, 외국인과 공존하고 발전하는 새로운 도시 모델이란 비전을 내세우고 있다. 국제물류시장에서 빠르게 성장 중인 평택항을 보유한 점과 더불어, 대규모의 주한미군부대를 수용하게 된 평택시를 대표하는 신도시로서 적절한 포지셔닝이다.

신도시답게 조성되는 공원들도 저마다의 개성을 자랑하는데, 1950년대부터 사용해온 미 공군의 탄약고를 그대로 남긴 공원 부지가 특히 눈에 띄었다. 원래 모두 허물고 주거지역으로 개발하려고 했으나 시민들의 의견을 받아들여 복합문화예술공간으로 재활용할 계획이라고 한다. 살벌한 군 시설을 문화예술공간으로 바꾸는 것은 단지 오래된 공간을 보존한다는 목적 이상의 의미를 갖는다. 한국전쟁 때부터 문신처럼 남아 있는 기지촌이란 딱지를 시민들 스스로 정화하고 자부심을 가질만한 이름으로 탈바꿈시키는 기회의 공간이 될 것이기 때문이다.

고덕국제신도시 홍보관 내에 있는 신도시모형. 사진 상 우측 위 지점에 미군 탄약고를 존치한 문화공원이 조성된다.

한편, 캠프 험프리스 인근의 안정리 일대는 노후되고 경제기반도 약해 재생사업이 시급한 지역이다. 미군기지와 나란히 있는 동네인 만큼 미군들이 심심찮게 보이곤 했다. 이곳은 주한미군 이전 문제를 가장 민감하게 받아들이는 곳이기도 하다. 새로운 터전에서 미래를 꿈꾸는 고덕신도시와는 다르게, 이곳은 송탄관광특구나 이태원의 복사본이나 다를 게 없었다. 간판은 영어로 바뀌고 미군들의 취향에 맞는 음식과 이벤트로 치장될 것이었다.

평택시에서는 2013년부터 이 지역을 대상으로 마을재생 프로젝트를 가동하고 있는데, 2014년에 개관한 '팽성예술창작공간'을 베이스캠프로 삼고 있다. 설치미술가 최정화 작가가 공간디자인 총감독을 맡아 옛 보건소를 리모델링한 공간이다. 지역주민들이 소소하게 만든 아트상품을 판매하고, 공방과 영화관, 마을전시관과 같은 예술공간들을 운영하고 있다. 미군들을 포함해서 모든 지역주민들의 교류와 화합을 꿈꾼다는 이 공간은 문화예술이 그 중요한 계기가 될 것이라 말한다.

평택시 안정리의 마을재생 프로젝트 거점인 팽성예술창작공간. 아트캠프라고도 불린다.

싫으나 좋으나, 주한미군과 평택시민의 동거는 시작됐다. 미군기지의 확대 이전은 평택시에 기회가 될까 아니면 또다시 종속의 역사를 반복하는 일이 될까. 그것은 도시의 풍경을 만드는 주도권이 누구에게 있는지에 달려 있다. 조금 더 평택시민들이 주인공으로 설 수 있는 무대가 되었으면 하는 바람이다.

주한미군

주한미군은 우리나라와 미국 간 상호방위조약에 의해 대한민국에 주둔하는 미국의 군대를 말한다. 제2차 세계대전 당시 남서태평양 지역에 투입됐던 미8군이 한국전쟁과 휴전을 거치면서 주한미군으로 대체되며 서울 용산에 주둔하게 된 것이 시작이다. 이후 2018년 6월 29일 주한미군사령부를 포함한 용산 미군 시설이 평택 기지로 이전하기까지 73년 동안 서울에 주둔하였다. 2018년 10월에는 경기도 의정부시와 동두천시에 주둔했던 미 제2사단도 평택으로의 이전을 마쳤다. 평택 미군기지캠프 험프리스 조성사업은 참여정부 때 추진된 사업으로, 전국에 흩어진 주한미군 기지를 통폐합하기 위한 목적으로 시작됐다. 2004년 12월 31일에는 미군기지가 이전되는 지역에 대한 지원과 주민 권익 보호를 목적으로 '주한미군기지 이전에 따른 평택시 등의 지원 등에 관한 특별법미군이전평택지원법'이 제정되었다. 평택 미군기지의 전체 부지면적은 1,267만 7천㎡로, 미 국방성의 해외시설 중 가장 큰 규모이다. 이때 부지로 선정된 대추리 일대에서는 2005년 5월부터 반대 시위가 일어났으며, 2006년 5월에는 행정대집행을 강행한 정부와 충돌이 일어나기도 했다. 이 사건을 '대추리 사태' 또는 '대추리 사건'이라고 부른다. 2021년 5월 기준, 한미연합사령부와 드래곤힐 호텔은 아직 서울 용산에 남아 있다.

참고자료

경인일보, "15년 째 마르지 않는 평택 대추리 원주민의 눈물", 2020. 5. 11.
뉴스원, "주한미군 용산 떠난다 … 오늘 평택기지서 신청사 개관식", 2018. 6. 29.
연합뉴스, "미2사단 평택 이전 … 기지 반환은 언제?", 2018. 12. 4.
주한미군기지 이전에 따른 평택시 등의 지원 등에 관한 특별법(http://www.law.go.kr)
Eighth Army(https://8tharmy.korea.army.mil)

평택의 캠프 험프리스 미군기지 내부 풍경. 미군기지는 그 자체로 하나의 거대한 도시다.

부천

문화가 일상으로 스민 창의도시

영국의 에든버러, 프랑스의 아비뇽, 오스트리아의 잘츠부르크. 문화예술축제로 도시의 활기를 만들어내고 세계적인 명성까지 얻은 곳들이다. 여기에 버금가는 우리나라 도시는 어딜까. 솔직히 말하면 아직은 없는 것 같다. 경기도 부천 역시 그 후보로 금방 떠오르는 도시는 아니었다. 부천이 유네스코 창의도시라는 사실을 알고 의아했던 것도 사실이다. 약간의 의심을 품고 찾아보니, 꽤나 다양하고 또 새로운 문화사업들을 꾸준히 해오고 있었다. 서울의 공업 위성도시에서 창조도시로 변신하고 있는 부천. 과연 우리나라를 대표하는 문화예술의 도시로 성장할 수 있을까.

문학인들과의 특별한 인연

경기도 부천시는 노벨문학상을 받기도 한 미국 출신의 저명한 소설가 펄 벅과의 인연으로 유명하다. 중국에서 어린 시절을 보낸 펄 벅은 워낙 아시아 지역에 애정이 많았다. 펄 벅의 이런 관심은 그에게 노벨상과 퓰리처상을 안겨준 작품 '대지'가 중국을 배경으로 하고 있다는 점에서도 드러난다. 우리나라를 소재로 하는 소설도 3편이나 발표했다. 그는 아시아의 혼혈 어린이들을 위한 인권운동을 펼치기도 했는데, 지금의 부천시 심곡본동에는 펄 벅이 전쟁고아와 혼혈아동을 위해 세운 '소사희망원' 건물이 그대로 남아 있다. 소사희망원은 유한양행의 창립자 유일한 박사가 부천시에 가지고 있던 부지를 받아서 세워진 것이다. 유일한 박사는 생전에 많은 사회공헌 활동을 해 '존경받는 기업인'으로 꼽히기도 한다. 부천시에 있는 유한대학교 역시 유일한 박사가 역점을 두었던 교육사업의 하나였다. 부천은 펄 벅과 유일한 박사, 이 영향력 있는 두 인사가 인연이 되어 뜻깊은 사업을 펼친 지역이라는 특별한 역사를 가지고 있었다.

부천시 심곡본동에 미국의 소설가 펄 벅이 한국의 전쟁고아와 혼혈아동을 위해 세운 복지시설 '소사희망원'.
현재는 펄 벅 기념관으로 사용되고 있다.

그 밖에도, 부천에는 크고 작은 문학인들과의 인연들이 많다. 대표적인 인물은 '강낭콩 꽃보다도 더 푸른 그 물결 위에 양귀비꽃보다도 더 붉은 그 마음 흘러라'란 구절이 인상적인 시 '논개'로 유명한 변영로 시인이다. 부천 원미동을 배경으로 하는 양귀자 소설가의 『원미동 사람들』이란 소설도 있다. 정지용 시인도 부천 소사본동에 잠시 적을 두고 살았었다. 부천시는 이런 역사의 단편들을 밑거름 삼아 문화도시로 발돋움하고자 했다. 2017년, '문학' 분야 유네스코 창의도시에 도전해서 선정된 것은 그런 노력의 한 성과물이었다.

부천을 대표하는 시인으로 꼽히는 변영로의 시비. 부천중앙공원에 있다.

문화도시를 향한 거침없는 행보

이번에 찾은 부천시에서는 관공서나 문화시설, 그리고 각종 리플릿에서 유네스코의 로고와 '창의도시'란 이름을 발견할 수 있었다. 부천시청 건물 전면에 내걸린 '창의도시 부천', 'Creative Bucheon'이란 사인보드가 눈에 띄었다. 부천시 홍보 포스터는 여느 도시에서도 보지 못한 독특한 디자인이었다. 부천 필하모닉, 국제판타스틱 영화제, 부천 세계 비보이 대회, 부천 천문과학관, 그리고 2018년 6월 1일에 정식 개관한 부천아트벙커 B39까지, 부천에서 내세우는 여러 문화 콘텐츠들이 재미있게 묘사돼 있었다. 하나하나의 내용도 위트 있었고 이 모든 것들이 합쳐진 전체 포스터의 디자인은 이름 그대로 '창의적인 도시'에 걸맞은 센스라 생각했다. 유네스코 창의도시란 명성이 주는 위엄도 좋지만, 이런 작은 브랜드 디자인에서 오히려 그 도시의 문화적 수준이 가장 직접적으로 전달되곤 한다.

부천은 2017년 문학부문으로 유네스코 창의도시에 선정됐다.
부천시청 건물벽면의 'Creative Bucheon' 일러스트레이션이 인상적이다.

부천에 있는 한국만화박물관의 내부.

‘문학’ 분야로 유네스코 창의도시에 이름을 올렸지만, 사실 나에게 부천은 만화나 애니메이션이 더 먼저 떠오르는 도시였다. 부천은 1990년대 후반부터 만화산업에 투자를 아끼지 않았다. 무엇보다 문화 콘텐츠가 가지는 경제적인 부가가치에 주목했다. 문화를 ‘산업’으로 본 것이다. 앞으로 도시가 계속 발전하기 위해서는 새로운 전략이 필요하다고 예측하고 실천에 옮겼다. 처음에는 부천에서 만화축제를 한다는 소식을 듣고 유행처럼 생겨나던 지역축제의 그저 조금 특별한 소재일 뿐이란 정도로 생각했었다. 그랬던 것이 이제는 부천국제만화축제BICOF, 부천 국제애니메이션페스티벌 모두 20회를 넘긴 베테랑 축제가 됐다. 한국만화영상진흥원과 한국만화박물관이 부천에 있고, 현재 우리나라에서 활동하고 있는 만화가의 약 3분의 1이 부천에 적을 두고 있다 한다. 이 정도면 이제 ‘만화’라는 문화 콘텐츠에 있어서 부천은 독보적이라고 할 만했다.

최근에 개관한 아트벙커 B39는 쓰레기소각장을 리모델링한 문화공간이다. 문화예술공간으로 변신했지만 옛날 소각장으로 사용되던 모습을 완전히 지우지는 않았다. 그래서 그곳에서의 경험이 더 특별했다. 엄청난 양의 쓰레기를 태우던 벙커의 압도적인 규모가 그대로 남아 있고, 소각 과정에 쓰이던 기계설비들은 박물관의 유물처럼 보존돼 독특한 분위기를 자아냈다. 아직 콘텐츠가 다 채워지지 않은 공간이었지만, 이 장소의 과거를 훔쳐보고 새로운 미래를 상상하는 즐거움이 있었다.

이로써 부천이 '문화'를 활용하는 또 하나의 스토리가 더해진 셈이었다. 성장하는 도시 안에서 기능을 다하고 천덕꾸러기가 된 폐공간의 '재생'. 낡으면 무조건 갈아엎고 새것으로 채우기 바빴던 지난 방식에서 벗어나, 도시의 오랜 장소들이 가지는 시간의 가치를 인정하고 활용하는 다음 시대의 패러다임을 적극적으로 수용한 결과다.

2018년 6월 1일 개관한 부천아트벙커 B39. 쓰레기소각장을 리모델링한 복합문화공간이다.

부천은 앞으로도 부지런히 문화사업을 계속해 나가겠다는 의지를 내비치고 있다. 특히 시민들을 대상으로 하는 교육 사업들이 눈에 띈다. 생활 속으로 문화가 더 스며들도록 하겠다는 생각이 엿보였다. 이전에는 정책결정자들의 비전과 추진력으로 도시의 문화를 부흥시켰다면, 이제는 아래에서부터 스스로 찾고 만들어가는 자생력이 필요한 때다. 부천시의 창의성은 시민으로부터 시작될 때 더 빛을 발할 것이라 장담해본다.

창조도시(Creative City)

창조도시 개념은 서구 사회에서 1980년대부터 등장한 개념으로, 창조적 사고를 통해 도시의 사회문제를 해결하고 새로운 발전 기회를 모색하는 전략이다. 포스트 포디즘과 포스트 모더니즘은 창조도시 개념이 등장한 배경이었는데, 획일적인 생산이 아닌 유연한 변화, 완제품의 소비가 아닌 '의미'의 소비로 사회구조가 변화함에 따라 도시를 바라보는 관점이 가치 중심적으로 변화하게 된 것이다. 이에 따라 도시메이킹, 도시브랜드 등의 개념이 부상하기도 했다. 찰스 랜드리Charles Landry의 저서 『Creative City』는 창조도시에 관한 가장 대표적인 서적이다. 이 책에서는 사람들이 도시에서 창조적으로 생각하고, 계획하고, 행동할 수 있도록 하기 위한 도시 계획 전략의 새로운 방법들을 소개한다. 새로운 고용 형태, 기술의 접목, 도시의 정체성을 드러내는 감각적인 건축물, 에너지를 절감하는 대중교통, 오락과 교육을 결합시킨 소매업 상권, 창조성을 촉발시킬 수 있는 공공공간 등, 다양한 혁신을 이뤄낸 도시들의 사례를 볼 수 있다. 도시는 역동적으로 변화하기 때문에 도시 문제를 해결하는 데 예전 방식을 고집하기만 한다면 똑같은 문제에 다시 봉착하게 된다고 주장하며, 도시 문제를 해결하고 삶의 질을 향상시키는 기회와 상호작용을 제공하는 가능성이 도시 내부에 있음을 시사하였다.

참고자료

정수희, "도시의 문화자산으로서 공예와 공예도시 연구: 유네스코 창의도시 네트워크(UCCN)를 중심으로", 『문화콘텐츠연구』 14, 2018, pp.81~108.

C. Landry, *The Creative City: A Toolkit for Urban Innovators*, Second Edition, London: Routledge, 2008.

유네스코 창의도시 네트워크(UNESCO Creative Cities Network)는 창조도시(창의도시)의 육성과 협력을 목적으로 하는 국제연대사업으로, 우리나라에는 문학 분야의 부천 외에도 미디어아트 분야의 광주, 음악 분야의 대구 등 10개 도시가 가입되어 있다.(2020년 기준)

Author's Diary

새로운 곳은 남보다 먼저, 남보다 빨리

"어느 도시에 뭐가 새로 생겼다더라." 도시문화 칼럼을 쓰는 사람으로서 새로운 문화 공간이 생겼다는 소식만큼 반갑고, 또 조바심 나는 일이 없다. 임시 개장도 좋은 건수다. 개장 당일에 가지 못했다면 가급적 오픈빨(?)이 떨어지기 전에 방문하려고 애썼다. 내가 쓰는 칼럼은 온라인 뉴스로 나가는 성격이어서 글 주제의 시의성도 중요했기 때문이다. 처음에는 한 편 한 편 뭐라도 써내기 급급했지만, 회차가 쌓일수록 '시기적절함'까지 고려할 여유가 생겼던 것 같다. 물론 뜬금없는 주제에 대해서 써도 아무도 뭐라고 하는 사람은 없었다. 그냥 나 스스로 만들어낸 기준이었다.

서울의 문화비축기지, 서울식물원, 노들섬, 아부다비의 루브르박물관 분관 편이 그런 케이스였다. 아부다비의 루브르박물관 분관은 심지어 오픈도 하기 전이었는데, 친척이 아랍에미리트에 살고 있어서 겸사겸사 가족여행을 간 김에 들렀다. 아직 모래 날리는 공사판이었지만 담벼락 넘어 이제 막 자태를 드러낸 건물의 외관을 카메라에 담아 올 수 있었다. 정작 그곳에 살고 있는 친척들은 아직 루브르의 분관이 생기는지 어쩌는지 관심도 없을 때였는데, 그로부터 두 달 뒤 '루브르 아부다비'가 화려하게 개장을 했던 것이다. 우리나라에서 새로운 소재들은 주로 서울에 많았다. '서울'이기 때문에 더 비판적인 눈으로 보게 되기도 했다. 서울의 이슈는 대한민국의 이슈였고, 이런 공간 사업들이 문화의 영역인 것 같지만 엄연한 정치적 액션이기도 했기 때문이다. 노들섬은 그런 점에서 좋은 먹잇감이 됐다. 좋은 먹잇감은 곧 좋은 기사거리였던 것일까. 그동안 늘 온라인으로만 게재되다가 노들섬 편은 지면에 실리는 대우(?)를 받았다.

이런 사례들은 일단 '트렌디함'이라는 기본을 깔고 간 덕분에 대부분 좋은 글이 나왔다. 따끈따끈한 소식이기에 신선하고, 남들은 아직 모르는 정보들을 풍부하게 담을 수 있었으며, 새로운 시도이기 때문에 비판거리나 시사점도 많았다. 그러는 동안 나의 경험과 안목도 함께 차곡차곡 쌓여가고 있었다.

백령도
철원
양구
연천
파주
교동도

02

가깝지만 멀었던 DMZ 접경 지역

철원 민통선이 집어삼킨 삶의 역사

파주 안보 최전방의 도시, 평화의 시작점이 될 수 있을까

양구 박수근에서 시작해 문화의 장소로

교동도 대룡시장 유명세로 핫한 민간인 통제구역

연천 전쟁으로 사라진 포구, 역사공원으로 살아나다

백령도 최북단의 섬, 신공항으로 하얀 깃털 펼칠까

철원

민통선이 집어삼킨 삶의 역사

최전방 군부대가 있는, 추운 지역의 대명사 철원. 여러 프로젝트를 거치면서 다양한 사람들과 철원을 방문했다. 저마다 다른 생각과 느낌을 가졌겠지만, 공통으로 하는 이야기가 있었다. "철원에는 숨겨진 무언가가 더 있을 것 같다." 군부대밖에 없을 줄 알았던 철원에 융성했던 도시가 있었다는 사실에 놀라고 문득문득 남아 있는 과거의 흔적을 발견하는 재미에 흠뻑 취하며, 사람들의 상상력은 그들을 100년 전 도시로 안내했다. 민간인 통제선이 만들어낸 한국의 '포로 로마노'. 그 역사를 복원하는 가장 이상적인 방법은 무엇일까.

전쟁으로 사라진 과거의 영광

강원도 철원군은 대도시였다. 한반도 정중앙에 위치한 이곳엔 서울과 원산을 연결하는 철도가 놓여 있었고, 각종 농수산물과 축산물이 모여들었다. 금강산으로 가는 여행객들이 철원역을 거쳐 갔으며 이들을 위한 여관과 식당이 거리에 즐비했었다. 그러나 그렇게 번성했던 시가지의 일부는 이제 민간인 통제구역 안에 있어 쉽사리 가볼 수도 없는 곳이 되어버렸다. 그 옛날 이곳에 기차가 달렸고, 학교가 있었으며, 백화점과 극장을 비롯한 각종 상점들이 있었다는 사실이 믿어지지 않는다.

그런 도시가 존재했었다는 기억조차 이제는 가물가물해질 시간이 흘렀다. 출입통제소 바로 앞, 전쟁으로 파괴되었을지언정 그 위용은 여전한 노동당사만이 대도시였던 과거 철원의 위상을 증명하고 있다. 오늘날 많은 관광객들과 학자들, 예술가들이 철원의 기구한 역사와 역설적으로 보존하게 된 생태환경에 매력을 느끼고 철원을 찾는다. 하지만 그들의 눈 앞에 펼쳐지는 것은 군사분계선에 의해 절반이 잘려 나간 채 옛 도시의 일부분만 겨우 남아 있는 남한의 변방지역 뿐이다. 전쟁으로 인해 한 도시의 번성했던 역사가 송두리째 사라진 것이다.

철원은 한국전쟁 전 38선 이북지역이었다. 철원군 관전리에는
옛 조선노동당의 당사 건물이 남아 있는데, 당시 철원이 중요한 위상을 갖는 도시였음을 알 수 있다.

철원 옛 시가지의 많은 장소들이 민간인 출입통제구역 내에 있다. 민통선 출입을 열흘 남겨두고, 무슨 일로 어디를 몇 시에 어떤 경로로 갈 건지 시시콜콜 적은 출입신고서를 군부대에 제출했다. 일단 전방지역을 가니 곳곳에 보이는 방벽들이 묘한 긴장감을 준다. 출입통제소 앞에 설치해놓은 바리케이드와 '일단정지' 사인들 때문일까. 벌써 몇 번째 방문이지만 혹시 출입신고가 제대로 되지 않았을까 매번 불안하다. 한반도 중심의 광활한 평야를 가진 도시, 사통팔달 물류의 중심지였던 도시 철원은 그렇게 삼엄한 경계 속에 갇혀 있었다.

군인 한 명이 우리 일행을 따라 함께 들어가겠다고 했다. 아무래도 외부인이 섞인 일행이다 보니 경계를 하는 모양이었다. 동행했던 주민분이 뭘 굳이 그렇게까지 하냐며 너스레를 떠셨다. 민간인 통제구역이라고 하지만 그 안에는 여전히 사람들이 살고 있고, 철원 농민들의 논밭이 있다. 철원 사람들은 하루에도 몇 번씩 농사일을 위해서, 혹은 그 외의 다른 볼일 때문에 민통선을 드나든다. 군인들과의 사이도 그만큼 스스럼없어 보였다. 주민들에게는 출입통제니 뭐니 하는 것들이 다 거추장스럽다.

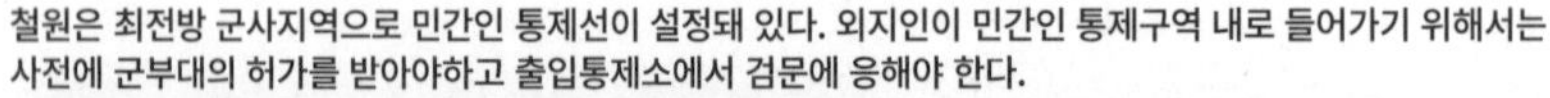
철원은 최전방 군사지역으로 민간인 통제선이 설정돼 있다. 외지인이 민간인 통제구역 내로 들어가기 위해서는 사전에 군부대의 허가를 받아야하고 출입통제소에서 검문에 응해야 한다.

폐허에서 옛 도시를 상상하다

1930년대 철원 시가지 풍경을 찍은 사진을 보면 목조건물, 석조건물, 기와집과 초가집들이 중심 가로를 따라 빼곡히 들어서 있다. 그러나 지금은 일부 건물들의 흔적만 겨우 남아있을 뿐이다. 다 무너진 옛 금융조합 건물터에 금고로 사용했던 부분만 남아 있는데, 그 모습이 어딘가 실소를 터뜨리게 한다. 그 옛날에도 금고는 참 튼튼하게 지었었나 싶다. 그 옆에는 일본인 식당 주인이 겨울철 호수에서 얼음을 채취해 보관해 두었다가 여름에 시내의 업소들에 팔았던 얼음창고가 있다. 무더운 여름날 얼음을 사고파는 분주한 상점가의 모습이 떠오르는 곳이다.

서울과 원산, 금강산으로 열차가 내달리던 철원역은 과거의 영광을 짐작조차 할 수 없을 정도로 폐허가 되어 있었다. 하지만 당시의 철원역을 기억하는 사람들은 빨간 벽돌의 2층 건물이 '아름답고 웅장했다'라고 말한다. 역 앞에는 크고 작은 나무가 심어진 광장이 있었고 구내매점도 있는, 오늘날과 다름없는 평범한 기차역이었다. 이곳에서 4시간을 달리면 금강산이다. 금강산은 아침에 출발해서 저녁에 돌아오는 일정이 가능할 정도로

철원군 외촌리에 위치한 옛 철원역. 일제강점기에는 경원선과 금강산전기철도가 지나는 중요한 기차역이었지만 지금은 선로와 승강장의 잔해만이 겨우 남아 있다.

물리적으로나, 심리적으로나 가까운 곳이었다. 전쟁을 전후로 10대 시절을 보낸 주민들에게 금강산으로 다녀온 수학여행은 잊지 못할 추억으로 남아 있다. 지금은 대부분의 구간이 차도나 농로로 정비되어 옛 모습을 거의 찾아보기 어려운데, 그 흔적을 따라 동쪽으로 가다 보면 끊어진 철길에 다다른다. 비무장지대 내에 있는 나머지 구간은 철원의 승리전망대에서 멀리서나마 바라볼 수 있다. 아직까지는 철로의 흔적이 선명하지만, 곧 주변의 초목들로 뒤덮일 것만 같다.

오늘날 철원은 철새도래지로 유명하다. 정전 후 체제가 안정되면서 국가에서는 전략적으로 민간인 마을을 건설하였고, 강원도 내에서는 철원에 가장 많은 대북 선전마을이 만들어졌다. 경작지가 증가하였으며 논에 물을 대기 위한 인공저수지도 만들어졌다. 그러자 두루미를 비롯한 철새들에게 안정적인 먹이터와 잠자리를 제공하게 되면서 탐조지

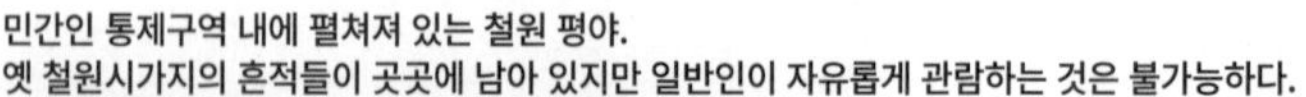
민간인 통제구역 내에 펼쳐져 있는 철원 평야.
옛 철원시가지의 흔적들이 곳곳에 남아 있지만 일반인이 자유롭게 관람하는 것은 불가능하다.

역으로 유명세를 얻게 된 것이다. 철새들이 찾아오는 11월부터 추수가 끝난 논 중간중간 두루미 가족들이 먹이를 먹는 모습을 볼 수 있다. 매일 아침 잠에서 깬 새들이 저수지에서 일제히 날아오르는 장면은 가히 장관이다. 한 도시가 번성하였다가 전쟁으로 인해 폐허가 된 자리에, 철새들이 찾아오고 생태계가 되살아나며 마치 도시가 생겨나기 이전으로 회귀하는 듯하다.

전쟁을 겪지 않은 세대도 이제 '젊다'고 말하기 어렵게 될 만큼, 분단 후 꽤 오랜 시간이 흘렀다. 두 동강이 난 한반도의 모습이 익숙하다. 이제는 철원의 옛 모습을 기억하는 주민들도 얼마 남아 있지 않다. 이에 저항이라도 하듯, 지금 철원에서는 역사공원, 태봉국 테마파크 등 굵직굵직한 역사 재현 프로젝트들이 진행 중이다. 넓은 부지 위에 늘 해왔던 방식으로 식상한 그림들을 그려 넣는다. 그로 인한 생태계 파괴 문제는 굳이 말할 것도 없다. 역사의 복원은 단순히 외형의 문제가 아니다. 진짜의 기억을 가지고 있는 장소를 놔두고 새로운 공간에 가짜 장소를 만드는 것이 무슨 소용일까? 그것은 현재와 동떨어진 이미지의 소비일 뿐이다. 대신, 그 옛날 철원 사람들처럼 지금은 보이지 않는 이 시가지를 거닐며 이곳에서는 무슨 일이 벌어졌을까 자유롭게 그려보게 하자. 농토와 지뢰밭이 대부분인 철원평야의 빈 공간을 상상력으로 채워 넣게 하자. 그럼 우리는 비로소 과거의 도시 철원과 조우할 수 있을 것이다. 민통선이라는 장애물이 문제라면, 그것이 정부가 해결해줘야 할 일이다.

도시를 읽는
토막 지식

폐허의 미학

폐허에서는 과거 시간과 장소의 기억이 소환되는 경험을 통해 그 장소의 과거와 미래에 대한 상상을 가능하게 하고 더 나아가 인간과 자연의 관계에 대한 진지한 성찰이 일어날 수 있다. 폐허에서 느껴지는 현재에 대한 환멸은 과거를 더 아름답고 심오하게 기억하도록 하며, 완전한 상태의 원본보다 더 자유롭게 상상할 수 있는 심리적 효과가 있는 것이다. 이러한 폐허의 속성은 버려진 장소의 새로운 활용방식을 모색함에 있어서 창의적인 시도를 가능하게 한다. 폐허는 물리적으로 완벽한 형체를 가지고 있던 공간이 더 이상 사용되지 않거나 외부적 충격에 의해 파괴된 이후, 새롭게 활용되지 않고 그대로 방치되면서 무無로 돌아가는 과정 중에 있다. 따라서 폐허에는 시간적 차원이 반영되어 있으며, 방문객으로 하여금 현재 공간이 가지고 있는 장소적 의미를 과거와 연관 지어 상상하도록 한다. 이것은 폐허의 다층적이고 공감각적인 복원과 재건을 위한 기반이 된다. 스페인 건축가 이그나시 드 솔라 모랄레스Ignasi de Sola-Morales는 버려진 공장 부지나 철길 등 현대 도시의 폐허들을 '버려진 공간Terrain Vague'으로 명명하며 현대 도시설계에서 주목해야 할 지점이라 주장하기도 했다. 이러한 폐허의 가치는 정원예술에서 특히 강조되었다. 특히 18세기 영국 정원에서 유행처럼 활발히 사용됐는데, 사교 장소였던 프랑스의 정원과 달리 영국 정원은 사색과 명상을 하는 장소였기 때문에 시간의 무상함을 연상시키는 폐허는 중요한 장치가 됐으며, 다양성과 비정형성을 강조하는 영국 정원의 특징을 대표하는 요소로 활용됐다. 18세기를 지나면서 폐허에 대한 관심은 점차 약화되었으나, 20세기 도시들이 산업 재편을 겪으면서 공장, 철로 등 2차 산업의 기반시설이었던 공간들이 폐허로 남겨지며 이것을 도시의 감각적인 장소들로 재편하려는 노력들이 등장하였다. 그 방식은 폐허가 정원을 구성하는 장식물 중 하나였던 것에서 도시의 중요한 공공공간으로 재구성되는 것으로 변화했다. 이는 산업사회의 폐허가 도시의 일상적 삶과 밀접한 연관이 있는 장소이기 때문에 이전 시대의 폐허와는 다른 새로운 미학적 감성을 담보하고 있기 때문이었다.

일제강점기 철원의 중심 시가지 일대에 남아 있는 옛 도시의 폐허들.
(위쪽은 수도국, 아래쪽은 교회의 남은 흔적들이다.)

참고자료

김지나·조경진, “구철원 시가지의 장소기억 재구성”, 『국토연구』 93, 2017, pp.105~125.
조경진, “폐허의 미학, 조경디자인의 새로운 가능성”, 『LAnD: 조경 미학 디자인』, 2006, 도서출판 조경, pp.190~199.
Tim Edensor, *Industrial Ruins: Space, Aesthetics and Materiality*, 2005, London: Berg.
Wojciech Lesnikowski, “On Symbolism of Memories and Ruins”, 『Reflections 6』, 1989, pp.68~79.

파주

안보 최전방의 도시, 평화의 시작점이 될 수 있을까

언제부턴가 '평화관광'이란 단어가 DMZ 접경 지역의 모든 관광을 대체하는 말이 됐다. 그 실체가 무엇인지도 잘 모른 채, 남북화해 분위기 속에서 모두가 평화를 이야기해댔다. 도대체 평화관광이 뭘까. 평화를 느끼는 관광? 평화를 추구하게 되는 관광? 정치권에서 시작돼 무의미하게 재생산되는 '평화'가 무엇인지 궁금했다. 파주는 어느 도시보다 '안보 관광'이 활발했던 지역이다. 이제는 가장 많이 '평화'가 회자되고 있는 도시이기도 하다. 몇 년 사이, 파주의 최전방에서는 무슨 일이 있었던 것일까.

무장한 비무장지대

한국전쟁이 끝나던 1953년 7월 27일, 정전협정 제1조에는 '한 개의 비무장지대를 설정한다'라는 내용이 쓰여 있었다. 비무장지대Demilitarized Zone, 약칭 DMZ는 글자 그대로 무장이 금지된 곳이다. 뿐만 아니라 민간인 출입이 철저히 통제되는 비밀의 땅이기도 하다.

군사분계선의 남쪽 2km 지점이 남방한계선이다. 이 남방한계선을 접하고 있는, 소위 '접경 지역'은 군사적으로 예민할 수밖에 없는 운명을 받아들이며 60여 년의 세월을 보내는 중이다. 접경 지역에서는 자유로운 통행도, 개발도 금지되어 있다. 이 지역을 찾을 때마다 '비무장'이라는 단어가 얼마나 아이러니한 상황을 초래하고 있는지 깨닫곤 한다.

파주시의 민간인 통제구역으로 들어가는 초소. 출입하는 사람들의 신분증과 사전 신고여부를 확인하는 곳이다.

파주는 DMZ 접경 지역 중에서도 가장 친근한 도시다. 무엇보다 서울에서 가깝다. 유명한 안보 관광지도 많다. 유엔군과 북한군이 공동으로 경비하는 유일한 지역으로서 영화 '공동경비구역 JSA'를 통해 더 잘 알려진 '판문점'이 바로 파주에 있다. 1972년에는 임진강을 사이에 두고 북한이 바라다보이는 곳에 북한 실향민들을 위한 임진각이 세워졌다. 1978년에는 북한의 남침용 땅굴 중 서울에서 가장 가까워 더욱 소름 끼치게 했던 제3땅굴이 발견되었고, 1986년에는 북한의 개성공단이 훤히 보이는 도라전망대가 만들어졌다.

DMZ는 훌륭한 관광 상품이다. 특히나 외국인들에게 우리나라 DMZ는 꼭 가봐야 할 매력적인 장소로 꼽힌다. DMZ 관광이라고 하면, 전망대에 올라 희미하게 보이는 북한 땅을 바라보거나 북한이 파놓은 땅굴을 들어가 보는 일 정도를 떠올리기 쉽다. '안보 관광'이라고도 불리는 이 특별한 경험들은 북한을 한낱 구경거리, 악랄한 적군으로 기억하게 하는 장치다. 외국인들에게는 군인들의 살벌한 감시와 통제 속에서 구시대의 유물과도 같은 이 DMZ를 체험하는 것이, 그저 외국 여행 중의 특별하고 재미있는 오락거리 중 하나에 불과할지도 모른다.

안보 관광이 아닌, 평화관광

하지만 요즘 DMZ에는 새로운 바람이 불고 있다. '안보'보다는 '평화'를 강조한다. 엄숙하고 공포스런 이야기보단 유쾌한 프로그램들로 공간을 채우고 있다. 자신을 되돌아보는 성찰의 시간을 선사하기도 하고, 예술가들의 자유로운 상상과 시도가 펼쳐지는 장이 되기도 한다. 파주는 이 참신한 변화의 중심에 있는 도시다. 아니, 선두에 서서 변화를 이끌고 있다.

2005년, '세계평화축전'이라는 행사가 파주에서 개최된 적이 있다. '평화, 상생, 통일, 생명'이라는 가치들을 주제로, 총 42일간 파주시 곳곳에서 다채로운 프로그램들이 펼쳐졌었다. 그때 만들어졌던 '임진각 평화누리공원'은 이전과는 다른 새로운 DMZ 관광의 시

파주 임진각에 위치한 평화누리공원은 다양한 프로그램들로 구성된 행사가 정기적으로 열리는 곳으로 야외공연장, DMZ 생태관광지원센터, 음악의 언덕 등이 있다.

작을 알리는 장소였다. 경기관광공사에서는 평화누리공원을 '일상 속의 평화로운 쉼터'라 소개하고 있다. 언제든지 가벼운 마음으로 평화누리를 찾아달라 말한다. 여기서 경험할 수 있는 DMZ는 철저하게 분리되고 통제되는 곳이 아니라, 일상적으로 즐길 수 있는 도시의 일부였다.

2016년 1월에는 임진강을 따라 생태탐방로가 일반 시민들에게 개방됐다. 민간인 출입이 금지된 지 40여 년 만이었다. 개방 1년 만에 1만 명이 이곳을 찾았고, 이 길을 따라 걷는 걷기 행사에는 천 명 이상의 사람들이 몰렸다. 생태탐방로가 시작되는 파주시 파평면 일원에는 '율곡습지공원'이 있다. 버려졌던 습지를 시민들이 나서서 공원으로 재탄생시킨 곳이다. 5월의 율곡습지공원은 바람을 따라 물결치는 청보리밭이 싱그러웠다. 바로 옆이 남방한계선이라는 사실도 잊은 채 사람들은 삼삼오오 모여 피크닉을 즐기고 있었다. 철책선이 무색해 보이는 광경이었다.

파주 임진강 생태탐방로는 군 순찰로를 개방해서 조성한 도보길로, 걷기행사가 종종 열린다.

파주시 군내면, 민간인 통제구역 내에 있는 전 미군기지 '캠프그리브스'의 변신 또한 이슈였다. 2013년 사병 숙소 건물을 유스호스텔로 리모델링한 것을 시작으로, 예술전시회가 열리기도 하고 여러 가지 문화 공연들이 펼쳐지기도 했다. 셔틀버스를 타고 도착한 캠프그리브스에는 허락되지 않았던 장소에 처음 발을 내딛는 설렘과 긴장감이 있었다. 건물의 건축적 가치라든가, 이 일대의 생태적 가치라든가 하는 이야기들은 조금 어려울지도 모른다. 그보다, 완전히 자유롭게는 아니더라도 일반 민간인인 우리가 이 장소를 경험할 수 있게 됐다는 사실이 더 중요하다. 그것도 과거에 행해지던 고리타분한 안보투어가 아니라 보다 참신한 여가활동으로서 말이다.

한국전쟁과 같은 비극을 되풀이하지 않아야겠다는 교훈을 얻는 일은 중요하다. 하지만 꼭 과거의 상처를 들추어내고 역사를 박제하는 방식으로 이루어져야 할까. 비극적인 역사의 현장을 방문하고 반성과 교훈을 얻는 여행을 '다크투어리즘'이라 한다. 아우슈비츠 수용소나 서대문형무소 역사관이 대표적인 예다. 이 장소들은 분노와 슬픔, 공포의 감

예술전시관으로 활용되고 있는 파주 캠프그리브스의 옛 군사건물들.

정들을 극대화해 불러일으킨다. 하지만 이제 DMZ는 그런 감정들로부터 벗어나, 즐겁고 일상적인 장소가 됐으면 한다. 그것이 이 잃어버린 땅을 시민들에게 돌려주는 가장 바람직한 방법일 것이다.

평화로운 촛불시위가 과격한 집단행동보다 더 큰 힘을 발휘할 수 있었던 것은, 그것이 더 많은 사람들의 공감을 이끌어낼 수 있었기 때문이다. 시민들이 수십 년간 금지되어 왔던 이 땅을 평범하게 누릴 수 있을 때 비로소 '평화'라는 것이 실현되지 않을까. 파주시를 시작으로, 더 넓은 DMZ가 시민들에게 허락되기를 바라본다.

다크투어리즘

다크투어리즘은 비극의 장소를 여행하는 관광의 형태를 의미하는 것으로, 그 목적지는 죽음, 고통, 공포를 상징하는 장소로서 전쟁 유적지, 묘지, 추모공원, 유명 인사들이 죽음을 맞이한 장소, 노예가 생활했던 장소, 테러가 일어났던 장소 등 다양한 범위를 포괄한다. 다크투어리즘의 용어를 처음 사용한 존 레넌J. John Lennon과 맬컴 폴리Malcolm Foley는 종교 순례자들이 순교 장소들을 찾았던 것 등을 예로 들며 죽음, 재앙, 테러, 전쟁과 같이 인류가 고통을 받은 사건들을 테마로 하는 관광의 형태가 수백 년 전부터 시작되었다고 보았다. 다크투어리즘의 유형은 죽음이나 재난과 관련된 장소에 대한 수요와 공급의 형태에 따라 블랙 투어리즘black tourism, 페일 투어리즘pale tourism, 그레이 투어리즘grey tourism으로 구분된다. 블랙 투어리즘은 죽음에 대해 강한 관심을 가진 관광객이 이를 충족시키기 위한 의도로 조성된 장소에 방문하는 것이고, 페일 투어리즘은 죽음에 대한 최소한의 관심을 가진 관광객들이 그러한 테마의 관광지로 의도하지 않는 장소에 방문하는 것까지 포함하는 개념이다. 그레이 투어리즘은 죽음에 대한 관심을 갖고 비관광지에 방문하는 수요 중심의 형태와, 의도적인 다크투어리즘 관광지에 방문하더라도 죽음에 대한 관심이 관광이 첫 번째 동기가 아닌 공급 중심의 형태로 구분된다. 최근 우리나라의 다크투어리즘은 거제포로수용소, 대구시민안전테마파크 등과 같은 테마파크 형태의 관광개발, DMZ 관광으로 대표되는 비극적인 역사의 장소를 보존하는 관광개발을 중심으로 이루어지고 있다.

참고자료

박근영, "한국의 다크투어리즘 발전전망에 관한 탐색적 고찰", 『한국외식산업학회지』 16(1), 2020, pp.143~156.

J. J. Lennon and M. Foley, *Dark Tourism: The Attraction of Death and Disaster*, Andover Hampshire: Cengage Learning, 2010.

R. Price, "Dark Tourism: A Guide to Resources", *Reference and User Service Quarterly* 57(2), 2017, pp.97~101.

R. Sharpley, "Travels to the Edge of Darkness: Towards a typology of Dark Tourism", *Taking Tourism to the Limits: Issues, Concepts and Managerial Perspectives*, C. Ryan, S. Page, M. Aitken Eds., Oxford: Elsevier, 2005, pp.217~228.

뉴욕의 9.11테러가 일어났던 세계무역센터의 자리에 조성된 9.11 메모리얼은 테러 희생자를 추모하기 위해 조성된 공원이자 기념관으로, 다크투어리즘의 대표적인 사례이다.

양구

박수근에서 시작해 문화의 장소로

뜻밖의 재발견이었다. 양구에 박수근 미술관이 있는 줄도 몰랐지만, 있을 거라고 생각도 안 해봤었다. 위성사진에도 뚜렷하게 보이는 '펀치볼'이 있고, 시래기가 유명한 곳. 그 정도로만 알고 출발했던 여행이었다. 어느 건축가의 배려 깊은 설계가 박수근의 작품 세계와 어우러져, 미술관의 외형과 그 안의 전시 내용이 조화를 이루는 광경이 굉장히 감동적이었다. 왜 이런 좋은 공간들이 더 많이 생기지 못하는 걸까. 강원도 산골의 소박한 도시 양구는 어떻게 이런 성과를 남길 수 있었을까. 볼수록 더욱 궁금해지는 곳이었다.

박수근미술관, 얼마나 잘 만들었겠어?

2017년, 고성에서부터 백령도까지 우리나라 최전방 지역을 횡단하는 대장정을 다녀왔다. 강원도 양구는 그 여정 가운데 만난 작은 도시다. 양구와 인접해있는 고성, 인제, 화천, 춘천, 철원 모두 지역 명물 한두 가지 정도는 금세 떠올릴 수 있었지만, 어쩐지 양구는 유독 생소했다. 양구에서 군 생활을 한 친구가 그곳에 마치 폭격을 맞은 듯한 모습의 거대한 분지가 있다는 이야기를 해줬을 뿐이었다. 한국전쟁 때의 한 외국 종군기자는 그 광경을 보고 화채 그릇punch bowl을 연상해 '펀치볼'이란 별명을 지어 준 모양이었지만, 그런 귀여운 이름과는 달리 오늘의 양구는 북한과 경계를 마주하고 있는 살벌하고도 외로운 군사지역이란 인상이 강했다.

양구군 해안면의 거대한 분지, '펀치볼'. 한국전쟁 당시의 격전지이다.

그 때문에 양구에 있는 박수근미술관을 찾은 것은 예기치 않게, 그리고 매우 즉흥적으로 일어난 일이었다. 양구의 비무장지대와 펀치볼 분지를 내려다볼 수 있는 '을지전망대'로 가던 중 '박수근미술관'이란 표지판을 우연히 발견한 것이다. 그때 처음 든 생각은 '양구에서 박수근미술관을 얼마나 잘 만들 수 있었을까?'라는 삐딱한 의구심이었다. 지자체에서 지역 연고의 예술인들을 소재로 박물관이나 미술관을 만드는 일은 흔하게 벌어지지만, 작품 세계에 어울리는 공간을 만들고 또 전문적인 시설 운영을 이루어내기란 꽤 어려운 과제이기 때문이다.

기대와 의심을 동시에 안고 양구읍 정림리에 위치한 박수근미술관에 도착하니, 해 질 녘의 어슴푸레한 하늘을 배경으로 화강암을 거칠게 쌓아 올린 벽이 우리를 맞이했다. 벽이 만들어내는 좁은 길을 따라 미술관 안마당으로 돌아 들어가자 미술관 전체 건물이 마치 산자락에 묻혀 있는 듯한 풍경이 나타났다. 건물 안의 계단을 지나 밖으로 나오면 아까 들어왔던 입구와는 다른 높이의 지점에 도달할 수 있다. 이 길은 박수근 묘소로 이어진다. 다시 산길을 따라 내려오면 옛 시골 풍경을 연상케 하는 푸른 들이 펼쳐지며 그 가운데 화가의 아틀리에를 콘셉트로 하는 '박수근파빌리온'이 자리 잡고 있는 광경에 이르게 된다.

양구읍 정림리의 박수근미술관 전체 안내도.

석양빛을 받아 실루엣만 어렴풋이 보이는 박수근파빌리온은 정말 박수근이 이곳에서 작업을 하고 있을 것만 같은 몽환적인 분위기를 풍겼다. 이날은 제1회 박수근미술상을 수상한 황재형 화가의 작품이 전시되고 있었는데, 또 다른 건물에 아티스트 레지던스 시설도 있는 것으로 보아 박수근미술관은 단지 박수근의 작품을 전시하고 박수근을 추모하는 장소만은 아닌 듯했다.

박수근미술관은 방문객들이 가장 처음 만나게 되는 '박수근기념관' 외에도 현대미술관과 창작스튜디오, 그리고 박수근파빌리온으로 구성돼 있다. 박수근기념관은 2002년에, 아티스트 레지던스를 비롯한 현대미술관은 2005년에, 그리고 박수근파빌리온은 2014년에 차례로 개관되었다. 10년이 넘는 시간이 필요했던 이 계획은 박수근기념관이 설계될 때부터 구상된 것이라 한다. 어떻게 이런 프로젝트가 가능할 수 있었을까? 처음의 의구심은 어느새 놀라움과 감탄으로 변해있었다.

아티스트 레지던스와 기획전시실 등이 있는 현대미술관 건물.

살아있는 예술의 현장

박수근의 작품은 평범한 사람들의 일상을 단순하고 담담하게 담아낸다. 거친 질감이 대상에 대한 화가의 진솔한 시선을 느끼게 한다. 그 담백한 표현 방식은 일제강점기와 한국전쟁이란 혼란의 시대를 온전히 겪어내고, 생전에는 세상으로부터 인정조차 받지 못했지만 묵묵히 자신만의 작품 세계를 완성했던 화가의 뚝심을 닮은 것 같기도 하다. 박수근미술관을 설계한 고故 이종호 건축가는 그런 박수근의 생애와 그림, 그리고 미술관이 들어서게 될 땅으로부터 영감을 받아, 박수근미술관 건축의 과정을 '대지에 미술관을 새겨나가는 것'이라 표현했다. 그에 의하면 대지에 '새겨지는' 건축이란 땅이 가진 질서를 보존하고 존중하는 것이며, 이것이 박수근의 작품 세계를 대변하는 건축의 방식이다. 건축가의 시선은 건물 하나에 머무르지 않았다. 그는 이 일대의 풍경 자체가 박수근미술관을 완성하는 중요한 '수장품'이라고 생각했다. 그리고 아무리 박수근의 명성이 대단하지만 기념관 하나만으로 큰 지역적 변화를 기대하긴 힘들 것으로 예상했고, 더 나

화가의 아틀리에를 콘셉트로 한 '박수근파빌리온'.

아가 이곳이 계속해서 새로운 문화예술을 생산해나가는 창작의 터전이 돼야 한다고 주장했다. 그 결과 박수근미술관은 박수근으로부터 시작됐으나 단지 그의 작품을 박제하는 공간이 아닌 생생한 문화의 장소로 거듭나게 된 것이다. 뿐만 아니라 고유한 풍경 속에 미술관이 완전히 녹아들어 다른 지역에서 감히 흉내 내지 못하는 양구만의 문화자산이 되어 있었다.

그 과정에는 양구군의 소신 있는 결정과 지원이 있었다. 공간이 완성된 이후 미술관의 작품을 채우는 일은 유족을 포함한 여러 기증자들의 도움이 컸다고 한다. 그리고 끊임없이 '포스트 박수근'을 일구어 나간 기획력도 박수근미술관의 중요한 기반을 만들고 있었다. 박수근을 기리는 후배 작가들의 작품, 현대미술에 나타난 박수근의 영향에 대한 조명, 레지던스 입주작가들의 전시 등등, 다양한 기획전시를 통해서 이 공간은 살아있는 미술의 현장으로 재탄생하는 중이었다.
양구의 박수근미술관은 원석과도 같은 날것의 문화자원을 스스로 재생산되는 '자산'으로 가공하기 위해 무엇이 필요한지를 보여주는 사례다. 문화예술을 통해 새로운 도약을 꿈꾸는 많은 지자체들에게 귀감이 되길 바란다.

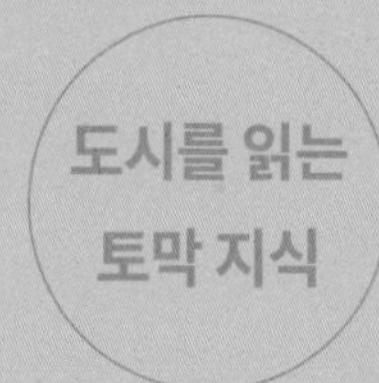

故 이종호 건축가

전 한국예술종합학교 미술원 교수이자 ua-sa 도시건축연구소장이었으며 박수근미술관, 분원백자관, 이순신 기념관, 이화여고 100주년 기념관 등 '기억'을 매개로 하는 건축 작업을 다수 남겼다. 그는 프랑스의 사회학자 알랭 투렌Alain Touraine이 현대성modernity을 파편화된 개인과 세계화의 이름으로 강요되는 '전체 사이의 텅 빈 곳'이라고 비판한 것에 동의하며, 건축의 역할은 그 텅 빈 곳을 채워나갈 수 있는 '의미가 흐르는 장소 만들기'가 되어야 하고 그 양쪽에 소통의 길이 이어질 수 있도록 해야 한다고 주장했다. 여기서 장소란, 의미가 가득한 '현상적인 장소'와 전개의 과정이 계속되는 '사회적 장소' 사이를 왔다 갔다 하는 균형이 확보된 공간이다. 그리고 이 공간이 앞으로의 다양한 변화를 수용할 수 있는 '생성의 장소becoming place'가 되는 것을 추구했다. 고故 이종호 선생은 건축이 땅의 질서, 누군가의 기억, 장소의 정체성을 지우는 행위라고 보아, 박수근 미술관을 설계할 때 최대한 자연의 질서를 존중하는 형태가 될 수 있도록 계획했다. 그가 남긴 글에서는 "박수근 선생이 유년 시절 거닐고 생활했던 이 아름다운 땅에서 관람객 또한 낯설지 않은 풍경을 맞이하며 교감"할 수 있도록 "파빌리온이 들어서기 전 이 땅이 가졌을 익숙한 질서를 존중"하고자 했음을 설명하고 있다.

참고자료

박수근미술관 내 전시자료

박수근미술관은 건축물이 주변 풍경 속에 녹아들어가 있는 듯한 형태를 하고 있다.
땅과 자연의 질서에 대한 존중을 설계의 기본 철학으로 삼았던 건축가의 의지가 반영된 것이다.

교동도

대룡시장 유명세로 핫한 민간인 통제구역

특이한 섬이었다. 섬 전체가 민간인 통제구역이라 했다. 교동도 앞바다는 남한도 북한도 아닌 '중립수역'이었고, 북한의 황해도가 손안에 잡힐 듯 지척에 보였다. '강화군 교동면'이지만, 주민들은 강화와는 다른 지역이라며 선을 그었다. 남한인지 북한인지 모를 이 섬은 한국전쟁 이전의 우리 국토를 상상하게 했다. 70년 분단의 역사보다 훨씬 오래된, 언젠가는 다시 돌아가야 할 이 땅의 진짜 모습. 마치 가상현실 같은 풍경을 간직한 섬이었다.

황해도와 더 가까운 섬

인천 강화도에서 더 서쪽으로 달리다 보면 드넓은 강화만이 배경으로 펼쳐지는 교동대교가 나타난다. 이 대교의 끝에 섬 전체가 민간인 통제구역인, 교동도가 있다. 교동도에 들어가기 위해서는 검문소에서 출입 허가를 받아야 한다. 절차는 까다롭지 않다. 간단한 인적사항을 써내면 푸른 용이 그려져 있는 출입증을 내어 준다. 출입증을 받아 들고 조금 더 달리다 보면 마침내 교동도에 들어갈 수 있다.

교동도에서는 바다 건너 북한 땅이 지척에 보인다. 섬에서 가장 높은 화개산에 오르면 황해도 연백평야가 마치 손에 잡힐 듯하다. 황해도와 교동도 사이의 거리는 제일 가까운 곳이 3km가 채 되지 않는다고 한다. 북한 주민이 귀순하기 위해 바다를 헤엄쳐서 건너와 교동도 마을의 어느 집 문을 두드렸다는, 전래동화 같은 이야기가 실제로 일어나는 곳이다.

교동도 화개산 정상에서 보이는 황해도의 연백평야.

이 황해도 연백군이 잘 보이는 곳에 망향대가 있다. 한국전쟁 때 교동도로 건너온 피난민들을 위해 만든 제단이다. 교동도에는 황해도와 가까운 만큼 그 지역 출신의 실향민들이 많았다. 지금은 지역 명소가 된 대룡시장은 실향민들이 생계를 이어가기 위해 만든 삶의 터전이었다. 시장을 만든 장본인인 실향민 1세대들은 이미 많이 돌아가셨다고 하지만, 전쟁과 분단이 만들어 낸 실향의 아픔은 어슴푸레한 그림자처럼 시장 곳곳에 여전히 남아 있었다.

무심코 들어간 어느 강정 가게에서는 할아버지 두 분이 황해도식 강정을 만들고 계셨다. 전쟁으로 고향을 떠나온 후, 먹고 살기 위해 강정을 만들어 팔기 시작하셨다고 했다. 시장 골목의 한 주막에서는 기타를 연주하는 음악 소리와 함께 구슬픈 노래가 들려왔다. 이름도 낯선 '댕구지 아리랑'이라고 한다. 댕구지는 황해도 연백군에 있는 한 마을의 이름이다. 이 마을에 살다 남한으로 피난 온 어느 어르신이 직접 가사를 쓰셨다는 사연이 얽혀 있었다. 잠시만 전쟁을 피하려 했던 것이 이렇게 오랜 이별이 될 줄 몰랐다는 실향민들의 이야기는 언제 어떻게 들어도 가슴이 아프다.

실향민들이 만들었던 대룡시장의 골목 풍경. 시장 내에 있는 한 주막에서는 주말이면 기타 연주 공연이 열린다.

교동도 어르신들과 대화를 나누다 보면 어딘가 독특한 억양이 느껴진다. 황해도 사투리가 많이 남아 있기 때문이다. 강화도와 이웃하고 있으면서도 주민들은 교동도가 강화도와는 전혀 다른 지역이라고 강조하는 것이 인상적이었다. 한국전쟁 이전에는 강화도보다 오히려 황해도와 더 교류가 많았기 때문에, 음식문화나 풍습도 황해도 연백군과 닮아 있다고 한다. 분단은 단지 국토를 갈라놓음에 그치지 않았다. 오랜 세월 하나의 문화를 공유했던 지역을 억지로 떼어놓은 것이었다.

사라져버린 교동도의 진짜 모습

최근 교동도는 1970년대의 골목을 연상시키는 대룡시장이 유명세를 얻게 되면서 꽤 핫한 관광지가 됐다. 2014년 교동대교가 만들어지고 여러 가지 환경 개선 사업이 이루어지며 관광객이 더 늘었다고 한다. 한적한 교동도의 자연을 만끽하려는 트레킹족, 자전거족들도 많다. 하지만 조선시대 왕족들의 유배지였던 역사가 관심을 끌기는 해도, 한국전쟁이 일어나기 이전에 이 섬이 어떤 곳이었는지에 대해서는 어쩐지 주목을 받지 못하는 듯했다.

철책선으로 둘러싸인 교동도 해안가의 풍경.

남산포구 인근의 사신당. 고려시대에 교동도 바다를 지나는 송나라 사신들의 안전을 기원하던 곳이었다.

사실 조선시대까지 교동도는 해상에서 대단한 위상을 차지하고 있었다. 북방한계선을 지우고 온전한 한반도 지도를 보게 되면, 교동도는 서해에서 경기만으로 들어가는 관문의 위치에 있는 것을 알 수 있다. 때문에 삼국시대부터 교통, 무역, 군사적으로 요충지의 역할을 담당했던 지역이었다. 지금은 소박한 시골 어항에 지나지 않지만, 교동도의 남산포구는 고려시대에 송나라 사신들이 개성으로 들어가는 뱃길의 중요한 길목이기도 했다. 아직도 남산포구 근처에는 사신들의 안전을 기원하는 사신당이 남아 있어 옛 풍경을 떠올리게 한다. 조선시대에는 경기도, 황해도, 충청도의 삼도 수군을 관할했던 '삼도수군통어영'이 남산포에 설치되기도 했다.

분단되기 전 교동도의 멋진 자연 풍경을 묘사한 '교동8경' 중에는 고깃배와 선원들로 가득 찬 포구의 모습을 노래한 내용도 있었다. 하지만 원래의 '교동8경'은 더 이상 찾아볼 수 없게 된 것이 많아 '신新 교동8경'을 새로 지었다고 한다. 이렇듯 전쟁 이후 교동도의 운명은 완전히 달라지고 말았다.

아름다운 자연 풍광을 배경으로 1970년대의 추억을 불러일으키는, 지금의 교동도는 도시민들에게 마치 휴식 같은 섬이다. 북한을 마주하고 있는 해안가의 철책선 풍경과 실향민들의 사연이 교동도를 보통의 휴양지와 다른 특별한 장소로 만들고 있는 것도 사실이다. 그렇지만 조금 더 시간을 거슬러 올라가면 훨씬 다양한 스토리들이 잠들어있다는 것을 알 수 있다. 이것은 교동도뿐만 아니라, 북한과의 관계 속에서 늘 불안과 논란에 둘러싸여 있는 서해의 다른 섬들에도 해당되는 이야기다. 지금까지와는 약간 다른 시선으로 이 지역들을 볼 수 있다면, 우리 땅이 가지고 있는 역사와 문화의 잠재력을 조금은 더 느끼게 되리라 본다.

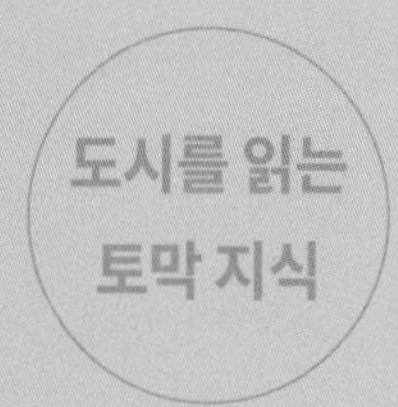

한강하구 중립수역

한강하구 중립수역은 육상 분계선의 서쪽 끝인 한강과 임진강이 만나는 지점부터 강화도의 서쪽 볼음도와 굴당포를 연결하는 선까지의 수역으로, 이곳에는 군사분계선이 존재하지 않으며 군사정전협정상 민용선박이 항행할 수 있는 구역이다. 한강하구 중립수역을 규정하고 있는 군사정전협정 제1조 5항의 내용은 다음과 같다. "한강하구의 수역으로서 그 한쪽 강안이 일방의 통제하에 있고 그 다른 한쪽 강안이 다른 일방의 통제하에 있는 곳은 쌍방의 민용선박의 항행에 이를 개방한다. 첨부한 지도에 표시한 부분의 한강하구의 항행규칙은 군사정

김포의 애기봉전망대에서 보이는 한강하구의 풍경. 민간인 선박이 자유롭게 항행할 수 있는 '중립수역'이다.

전위원회가 이를 규정한다. 각방 민용선박이 항행함에 있어서 자기 측의 군사 통제하에 있는 유지에 배를 대는 것은 제한받지 않는다." 육지의 비무장지대가 군사분계선을 기준으로 남북 각각 2km 후방으로 후퇴한 '선'으로 이루어진 영역이라면, 한강하구 중립수역은 한강하구라는 '면'이 경계선인 동시에 완충지대의 역할을 하고 있다. 그러나 실질적으로는 남북 간 군사적 적대행위로 인한 충돌이 잦았고, 이에 2000년 6.15 남북공동선언 이후부터 시민운동가들에 의한 '한강하구 평화의 배 띄우기"가 꾸준히 추진되고 있다. 2018년 9월 남북정상은 한강하구의 공동이용에 합의해 2019년 4월 1일부터 민간선박의 자유항행을 허용하기로 하고 이를 위한 한강, 임진강 하구 공동수로조사를 2018년 12월까지 완료했다.

참고자료

문인철, "접경지역통일연구",『한강하구 중립수역 평화적 활용을 위한 접근 방향 연구』, 4(1), 2020, pp.59~82.
브릿지경제, "김포시, 한강하구 중립수역 자유항행 사업 재추진", 2020. 5. 28.
인천일보, "한강하구 중립수역을 평화의 바다로", 2020. 8. 5.

연천

전쟁으로 사라진 포구, 역사공원으로 살아나다

한국전쟁으로 많은 것들이 사라졌다. 마을이 사라지고, 지명도 사라지고, 그렇게 점점 기억에서 잊혀 가고 있다. DMZ 접경 지역은 전쟁으로 삶이 뒤틀리며 개발에서도 소외되어 왔지만, 한때는 아주 크게 번성했던 한반도의 중심이었다. 연천군에도 그렇게 잊히고 사라진 역사가 있다. "진짜 그런 데가 있었어?"를 연발하게 될 만큼 지금은 흔적도 찾기 어려운 연천군의 전성기 시절. 어떻게, 또 무엇을 위해 복원하는 것이 좋을까.

사라진 역사의 재조명

경기도 연천군에서 가장 유명한 문화 관광지라고 한다면 아마도 전곡리의 구석기 유적지를 떠올릴 사람들이 많지 않을까 싶다. 어렸을 적 국사 공부를 하며 구석기 유적지의 대표 격으로 '연천 전곡리 유적'을 달달 외웠던 기억들이 있을 테니까 말이다. 이를 증명이라도 하듯, 연천군으로 들어서자 원시인과 선사시대 동물 모형으로 만들어진 거대한 아치 구조물이 도로를 장식하고 있었다. 이런 연천군의 '구석기 마케팅'은 구석기 축제와 전곡선사박물관으로 이어진다. 선사유적지는 연천의 중요한 자산임에 틀림없다. 다만 구석기 이야기만 하기에는 다양한 자원을 가진 지역이기에, 조금 안타까운 마음이 들기도 했다.

예를 들어, 이 지역 일대를 흐르는 우리나라의 중요한 두 강이 연천군에서 만난다. 임진강과 한탄강이 만나는 '합수머리'가 바로 그것이다. 하지만 파주시가 임진강 생태탐방로를 개방하고, 철원군에서 한탄강 래프팅, 한탄강 얼음 트래킹이란 콘텐츠를 만들어내는 동안, 연천군은 천혜의 두 강을 모두 끼고 있다는 장점을 전혀 살리지 못하는 느낌이었다. 그래도 2019년 6월, 연천군 임진강 일대가 유네스코 생물권보전지역에 등재되면서 앞으로의 발전이 기대되고 있었다.

연천군 장남면 일대의 임진강 풍경. 과거 '고랑포구'라는 경기 북부 최대의 무역항이 발전했던 지역이다.

이 지역에는 한국전쟁 전까지 경기 북부 최대의 무역항이 있었다. 지금은 사라진 연천군 장남면의 '고랑포구'가 그 주인공이다. 이곳이 그렇게 번성할 수 있었던 이유는, 바로 이 지점까지 임진강을 따라 밀물이 들어왔기 때문이라고 한다. 그래서 무거운 화물을 싣고 배들이 내륙까지 들어올 수 있었던 것이다. 5만여 명의 사람들이 살았고 화신백화점의 분점이 있을 정도로 큰 시가지를 이루고 있었다던 고랑포구는 한국전쟁 이후 흔적도 없이 사라지고 말았다.

고랑포구 역사공원에 마련돼 있는 가상현실 체험시설. 아이가 있는 가족단위 손님들에게 인기가 많다.

옛 고랑포구가 있었던 임진강변은 군부대 관할로, 지금은 일반인 출입을 금지하고 있다. 대신 2019년 5월 '고랑포구 역사공원'이 개관하면서 이곳의 역사도 재조명되기 시작하는 듯했다. 요즘의 전시 트렌드에 뒤처지지 않기 위한 것인지, 가상현실이나 증강현실 기술을 활용해서 지역의 사라진 옛 모습을 체험할 수 있게 한 콘텐츠들이 많았다. 어린아이를 둔 가족 단위의 방문객들이 많은 것을 보니 그들의 관심을 끄는 데는 성공했다고 할만 했다.

전시관 한 편에는 먼 미래에, 그리고 아마 전쟁이 없었다면 지금의 모습이었을지도 모르는, 번성한 도시로서 고랑포의 풍경이 영상으로 재생되고 있었다. 물론 옹색한 유물 전시와 지루한 설명 일색인 것보다, 지역 주민 어린이들에게 볼거리 즐길 거리를 주고 화려한 미래를 꿈꾸게 하는 것이 더 고무적인 방향임에는 틀림없을 것이다. 다만 그 옛날 고랑포가 어떤 모습이었는지, 어떤 이야기가 얽혀 있는지에 대해 조금 깊이 있는 고민과 설명이 뒷받침됐다면, 좀 더 진정성 있는 그림을 그릴 수 있지 않았을까 하는 아쉬움이 남았다.

무모한 도전은 계속되어야 한다

고랑포구 역사공원의 정문 앞 광장에는 거대한 말 동상이 서 있었다. 이 지역 주민들 사이에서는 이미 유명한 '레클리스(Reckless, 무모한)'란 이름의 군마다. 레클리스는 본래 '아침해'라고 불렸던 경주마인데, 1952년부터 미국 해병대에서 군마로 활약했다고 한다. 특히 연천군에서 벌어졌던 네바다Nevada 전초 전투에서는 매일 50여 차례 사람의 도움 없이 혼자 탄약을 실어 날랐다는 이야기가 전해지고 있다.

고랑포구 역사공원 앞에 세워진 군마 '레클리스'의 동상.

레클리스는 미국에서 각종 훈장을 받고 하사관으로 진급하는 등, 동물로서는 유례가 없는 최고의 대우를 받았다. 뿐만 아니라 그의 활약을 기념하는 동상이 미 해병대 박물관과 켄터키 말 공원Kentucky Horse Park에 세워지기도 했다. 그리고 2019년 고랑포구 역사공원에 레클리스의 세 번째 동상이 세워지면서, 전후 해병대와 함께 미국으로 떠난 지 65년 만에 고향 땅에도 비로소 그를 기리는 공간이 생긴 것이다.

어찌 보면 고랑포구의 역사와는 상관없는 스토리다. 하지만 고랑포구 역사공원이 단지 잊힌 한 포구를 재현하는 공간에 그치는 것이 아니라 그동안 잘 알려지지 않았던 연천군의 여러 역사 문화자원들을 재조명하기 위한 첫 단추라고 본다면, 레클리스의 이야기가 들어오는 것도 괜찮아 보였다. 지금까지 연천군은 한국전쟁 당시 유엔군이 활약했던 지역으로서 한국인보다 미국인들에게 더 많은 주목을 받아왔다. 그 시선의 방향을 '지역의 역사문화'로 돌리는 계기가 될 수 있는 것이다.

연천 주민들이 만든 레클리스 협동조합에서 운영하는 마을카페. 사진은 백학면 두일리에 있는 1호점이다.

이곳 주민들은 레클리스의 이름을 따 협동조합을 만들었다. 그 이름처럼 무모한 일일지도 모르지만, 연천을 살기 좋은 삶의 터전으로 만들기 위해 새로운 도전을 계속해 나가고 싶다고 하셨다. 레클리스 협동조합은 마을에 카페를 낸 것에 이어 고랑포구 역사공원 내에 두 번째 점포를 열었다. 연천 주민들의 무모한 도전 끝에는 잊히고 소홀했던 지역의 많은 자원들이 다시 꽃피어 있는 미래가 펼쳐져 있길 응원해 본다.

한국전쟁과 유엔군

1950년 6월 25일, 북한의 전면적인 남침이 시작되자 유엔 안전보장이사회(이하 안보리)는 헌장에 의거해 즉각적으로 대응조치에 들어갔다. 안보리는 찬성 9, 기권 1, 불참석 1로 결의문 제82호를 채택하여 북한에 "38선 이북으로 군대를 철수할 것"을 요구했다. 그러나 북한이 이에 응하지 않자 결의문 제83호를 통해 "국제평화 및 안전의 회복을 위해 한국에 필요한 원조를 할 것을 회원국에 권고"하였다. 이로써 한국전쟁에 유엔이 본격적으로 개입하게 되었으며 유엔헌장에 따라 집단안보제도가 적용된 최초의 사례가 되었다. 유엔 연합군은 미군을 시작으로 6월 27일부터 참전하였고 전투병력을 파견한 16개국 외에도 5개국에서 의료진 파견, 그 외 수십 개국에서 각종 물질적 원조를 제공하였다. 참전국은 병력 순으로 미국, 영국, 캐나다, 터키, 호주, 필리핀, 태국, 네덜란드, 콜롬비아, 그리스, 뉴질랜드, 에티오피아, 프랑스, 벨기에, 남아프리카공화국, 룩셈부르크였으며, 1953년까지 한국전에 참여한 유엔 연합군은 총 34만 1천여 명에 달했다. '유엔군'이라는 용어가 헌장 상에 존재하지는 않지만 한국전쟁 당시 유엔기를 사용하는 등 유엔 연합군으로서 형식을 갖추었던 것으로 평가된다. 안보리는 각국의 병력을 지휘하기 위해 미국이 관할하는 통합사령부를 설치하였고, 지휘계통은 유엔군 사령관으로부터 안보리, 유엔사무총장으로 이어지는 것으로 형성되었다. 주한 유엔군 사령부는 현재까지도 존속하며 한반도 평화유지에 중요한 역할을 담당하고 있다.

참고자료

정인섭, "한국와 UN, 그 관계 발전과 국제법학계의 과제", 『국제법학회논총』 58(3), 2013, pp.53~89.
국가기록원, 한국과 유엔(theme.archives.go.kr)

연천군은 유엔군이 가장 많이 활동했던 지역으로, 연천군의 태풍전망대에는 한국전쟁에 참전한 나라들을 기념하는 비석들이 세워져 있다. 위 사진은 호주군의 참전을 기록하고 있는 기념비이다.
전망대 건물에는 유엔기가 대한민국 국기와 함께 걸려 있는 것을 볼 수 있다.(아래)

백령도

최북단의 섬, 신공항으로 하얀 깃털白翎 펼칠까

백령도는 귀신 때려잡는 해병대가 수호하는 전초기지 같은 느낌이 있었다. 그런 백령도에 가게 된 이유는 이곳에도 북한을 바라볼 수 있는 전망대가 있다고 해서였다. 백령도에서 바라보는 북한은 어떤 느낌일까 궁금하면서도, 어쩐지 공포스런 기분도 들었다. 지도를 보니 북방한계선은 백령도 바로 위를 아슬아슬하게 지나가고 있었다. 일거수일투족이 감시당하는 듯한 착각이 드는, 마치 군인들의 섬 같은 백령도. 그럼에도 백령도는 무척이나 아름다웠다.

쉽게 허락되지 않는 뱃길

백령도는 인천에서 출발하는 여객선을 타고 4시간가량을 가야 도착할 수 있는 우리나라 서해의 끝이자, 최북단의 섬이다. 그마저도 날씨가 변덕을 부려 갑자기 배편이 취소되기도 한다. 첫 번째 백령도 입도 시도는 날씨 때문에 실패하고 말았다. 여객터미널에서 혹시나 운항이 재개되지 않을까 한참을 기다려봤지만 허사였다. 다행히 다음번 인천항을 찾았을 때 정상 운항의 행운을 누릴 수 있었는데, 여전히 다른 몇몇 배편은 취소되기도 했다. 그렇게 백령도는 가고 싶어도 마음대로 가지 못하는 섬이었다.

백령도를 가는 데에 4시간이나 걸리는 이유는 북방한계선NLL을 따라 조금 돌아가야 하는 탓도 있다. 하지만 백령공항 건설이 본격적으로 추진되면 이것도 언젠가 추억 속의 이야기가 될지 모르겠다. 비행기가 자칫 북방한계선을 넘어갈 수도 있기 때문에 국토부

인천항과 백령도를 연결하는 여객선. 백령도까지는 편도로 4시간이 걸린다.

와 국방부가 대책을 논의해오고 있었는데, 그 협의가 마무리되면서 2020년 5월에 첫 번째 예비타당성 조사가 실시됐다. 공항 건설이 순탄히 진행된다면 백령도까지 가는 시간이 1시간으로 줄어들어, 이 외로운 섬에도 새로운 활기가 돌지 않을까 기대감이 들었다. 백령도를 비롯해 서해 5도 주민들의 삶은 북한의 군사도발로 인한 불안과 열악한 생활환경이란 이중고를 겪고 있다. 2018년 9월, 남북이 맺은 군사합의는 서해의 북방한계선 주변 지역을 '해상 적대행위 중단 구역'으로 설정했지만, 북한의 돌발 행보들은 이 지역 사람들의 삶이 조금은 평화로워질 것이란 기대를 무참히 무너지게 한다. 북한의 김정은 위원장이 해안포 사격을 지시해 9.19 군사합의를 위반했다고 논란이 된 창린도는 심지어 백령도보다 남쪽에 있다. 게다가 정부가 연평도 포격 사건 직후에 했던 정주 여건 개선의 약속은 여전히 지켜지지 않는 중이다.

숨겨진 낙원

사실 백령도는 우리나라가 분단되지만 않았으면 결코 '외딴' 곳이 아니다. 지도를 보면 북한의 황해도와 매우 가까이 있는 것을 알 수 있다. 풍광이 아름답고 섬의 면적도 꽤 넓어, 남북 간에 왕래가 조금 자유로워지면 아마 제주도만큼 관광지로 주목받을 것이란 상상을 해보게 했다. 우리가 무척이나 잘 아는 심청전의 배경이 된 곳이 바로 이 백령도 앞바다인데, 심청이 부녀가 바로 황해도 사람이다. 본래 심청전 원작에는 '황주 땅'이라고만 돼 있었지만, 일제강점기에 애국심을 불러일으키기 위해 '조선국 황해도 황주 땅'이라고 개작했다고 한다. 심청이가 공양미 삼백 석에 몸을 던진 '인당수'는 백령도와 황해도 장산곶 사이 어디쯤이다. 날이 맑아 장산곶이 손에 잡힐 듯 보이는 곳에는 '심청각'이란 이름의 전망대가 있었다. 하지만 춘향전의 배경으로서 축제, 테마파크 등 갖가지 관광 거리들을 만들어내고 있는 전북 남원을 떠올려보면, 조금 더 과감한 전략도 필요해 보였다. 심청전이 한류드라마 같은 화려함은 없더라도, 남한과 북한이 공유할 수 있는 오랜 고전소설이란 점에서 요즘 심심찮게 이야기되는 '평화관광'의 소재로도 제격이란 생각이 들었다.

심청전 속 인당수로 알려진 바다가 보이는 백령도 진촌리에는 '심청각'이란 전망대가 있다.

단지 공항 건설로 백령도를 옭아매고 있는 북방한계선과 변덕스러운 남북관계의 굴레가 단숨에 극복되지는 않을 것이다. 2019년 7월 백령도는 국가지질공원으로 인증받기도 했지만, 그 유려하고 희귀한 해안 경관 유산들은 관리 소홀로 사라질 위기에 처했다. 공항이 건설되고 관광객이 몰려오면, 준비되지 않은 백령도 지역사회는 또 다른 문제와 맞서야 할지도 모른다.

북한과의 관계 개선도 우리가 풀어나가야 할 중요한 숙제겠으나, 평범한 일상생활의 복지와 안전도 누리지 못하는 서해 5도 지역에 대한 관심과 투자 역시 못지않게 절실하다. 백령도를 그저 최전방 낙도落島로 만들지, 아름다운 자연과 스토리가 버무려진 낙원樂園으로 만들지는 우리의 선택과 노력에 달려 있다. '하얀 깃털'이라는 뜻을 가진 백령白翎도의 이름은 섬이 흰 새가 날아오르는 형상을 하고 있기 때문에 붙여진 것이라고 한다. 가까운 미래에 백령도가 지금의 한계를 딛고 화려하게 날아오를 수 있기를 응원해 본다.

심청각에서 손에 잡힐 듯 가까이 보이는 황해도 장산곶.

서해 5도

'서해 5도'는 우리나라 서해의 백령도, 대청도, 소청도, 연평도, 우도의 다섯 개 섬을 묶어서 부르는 말이다. 계획지역으로서 서해 5도를 논할 때는 무인도인 우도를 제외하고 연평도를 대연평도와 소연평도로 나누어 지칭하기도 한다. '서해 5도 지원 특별법'은 천안함 침몰, 연평도 포격 사건 등 북한의 군사도발이 이어지면서 서해 5도 주민들의 소득 증대와 생활안정 및 복지 향상을 지원하기 위해 2010년에 제정된 것이다. 서해 5도는 1974년 이전까지 각각의 생활권을 형성하고 있었지만, 북한이 서해 5도 인근 해역의 관할권을 주장하면서 군사도발

연평도 해안에 설치된 용치. 적 군함의 접근을 막기 위해 비스듬히 세워져 있는 구조물이다.
용치는 용의 이빨을 닮았다고 해서 붙여진 이름이다. 백령도, 대청도, 연평도에 최소 3천 개의 용치가 배치되었었다.

을 일으키자 정부와 군에서 서해 5도를 대상으로 국가 전략적 차원의 요새화와 도서개발을 추진하면서 하나의 단위로 인식되기 시작했다. 이에 따라 백령도에는 1974~1975년 사이에 북한군의 상륙을 막기 위한 용치龍齒와 단애斷崖가 해안선에 설치되었고, 1975년~1976년에는 해안을 감시하기 위한 군사용 동굴이 만들어졌다. 1976년에는 해안포 30문이 증강되었으며 1977~1979년에는 6,200여 개의 지뢰가 매설되었다. 주민이 거주하는 마을 등을 제외한 모든 산악지대와 해안은 군사적 용도로 이용되면서 민간인 출입이 엄격히 통제되었다. 현재 백령도와 연평도의 해안은 일부 구간을 제외하고 철책과 장벽이 둘러싸고 있는 것을 볼 수 있다.

참고자료

강민규, "용어풀이 서해 5도 외", 『국토』 통권 358, 2011, p.65.

전원근, "동아시아 최전방 낙도에서의 냉전경관 형성: 1970년대 서해5도의 요새화와 개발을 중심으로", 『사회와 역사』, 104, 2014, pp.77~106.

OBS, "흉물 방치 서해 5도 용치 철거 목소리", 2018. 7. 23.

Author's Diary

이슈를 잡기 위한 레이더망은 항상 ON

무언가를 연재한다는 건 정말 쉬운 일이 아니었다. 칼럼을 쓰기 시작한 이후로 세상의 모든 웹툰 작가들을 존경하게 됐다. 길게는 한 달에 한 번에서 짧게는 2주에 한번 꼴로 글을 썼는데, 그 주기는 생각보다 빨리 반복됐다. 게다가 나는 직접 답사를 다녀와야 마음에 드는 글을 쓸 수 있었기 때문에 그럴 시간까지 염두에 둔다면 한 편을 끝냈다고 해서 마음을 오래 놓고 있을 수는 없었다.
그래서 칼럼 주제가 될 수 있는 도시, 문화, 예술, 관광, 조경, 건축 등의 분야 이슈에 늘 관심을 가지고 찾아봐야 했다. 서울문화재단이나 한국관광공사의 공식 블로그를 이웃으로 등록해두기도 하고, 인터넷 포털의 메인 화면에 올라오는 뉴스들을 유심히 보기도 했다. 각종 학회들에서 보내오는 뉴스레터도 좋은 소스였다. 이쪽으로 전공하는 학생이라면 당연히 그래야 하는 것일지도 모르지만, 당장 눈앞의 시험과 과제를 해결하느라, 혹은 석·박사 과정을 밟으면서 특정 주제에 몰입하느라 그 당연한 일은 상대적으로 우선순위에서 쉽게 밀려나는 것이 사실이다.
목포의 도시재생 논란, 평택 미군기지 이전, 광명 이케아 개장, 잘츠부르크 페스티벌 100주년 소식 등, 학교 밖의 세상은 넓고 수많은 이슈들이 쏟아져 나오고 있었다. 목포의 사례는 굳이 힘들게 찾아볼 필요도 없이 연일 뉴스에서 보도가 됐기 때문에 비교적 쉽게 주제로 낙점할 수 있었다. 다만 화제의 근대역사문화거리는 한 두 시간 보고 나니 더 이상 볼거리가 없어 예상 밖의 난관이 기다리고 있기는 했다. 평택 미군기지는 실제로 들어가 볼 방법이 없어 문제였는데, 때마침 어느 학회에서 기지 안을 방문하는 답사 프로그램을 기획했고 참가자를 모집한다고 해 냉큼 신청했다. 이것은 칼럼으로 쓰라는 신의 계시쯤으로 여겨졌다. 잘츠부르크는 사실 칼럼을 목적으로 간 것이 아니었기도 했고 너무 유명한 사례라 글을 쓰기가 애매했는데, 몇 년 후에 코로나19 사태와 함께 100주년 소식이 들려오면서 좋은 소재가 됐던 경우다.
논문 주제는 하늘에서 점지해준다고 하듯이, 칼럼도 마찬가지인 것 같다. 물론 하늘의 소리에 항상 귀를 기울이고 있어야 하는 게 가장 중요했다. 점지해줘도 못 들으면 무슨 소용이겠는가.

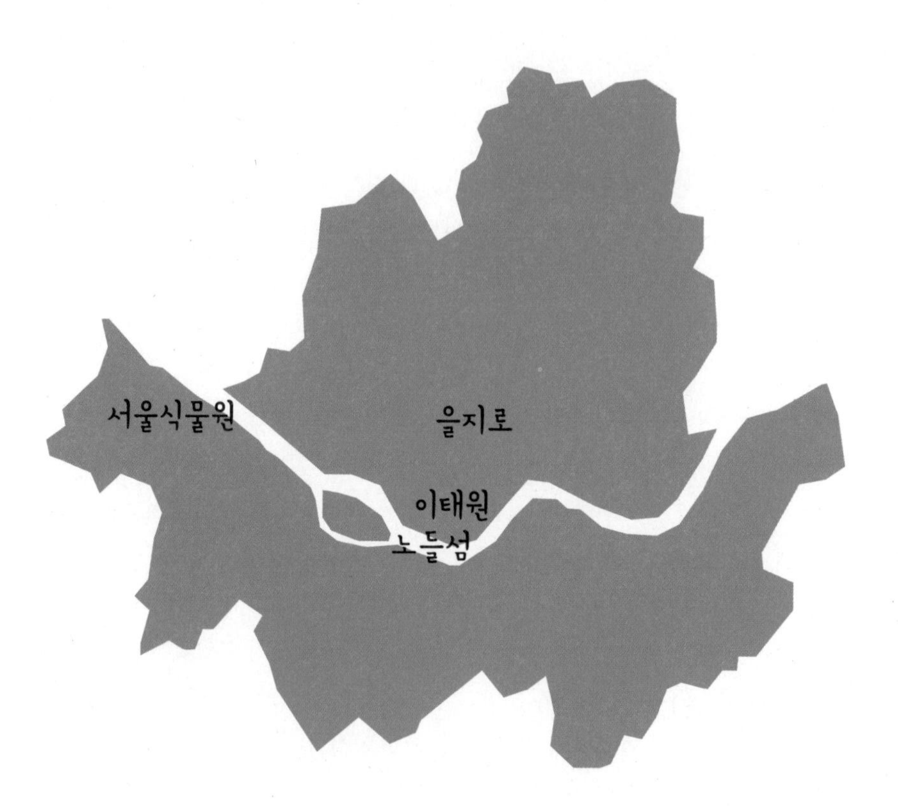
서울식물원
을지로
이태원
노들섬

03

서울! 서울! 서울!

서울식물원 우리에게도 식물이 문화가 될 수 있을까

을지로 밀레니얼 힙스터들이 모이는 곳

노들섬 한강대교 위에 갇힌 섬, 다시 시민의 공간으로

이태원 수많은 박새로이들이 사랑에 빠진 '진짜'의 클라쓰

서울식물원

우리에게도 식물이 문화가 될 수 있을까

'서울'은 꽤나 인지도 높은 도시 브랜드다. 뉴욕, 파리, 런던 등 세계적인 도시들을 동경했었는데, 어느새 서울도 그에 못지않을 만큼 선망의 대상이 되고 있었다. 하지만 서울에는 도시를 대표할 식물원이 없었다. 공원도 많고 산도 많고 천혜의 한강까지 끼고 있는 아름다운 도시이지만, 식물을 배우고 즐기는 장소는 마땅치 않았다. 왜 서울에 식물원이 필요하며, 보통의 공원과는 무엇이 달라야 할까. 그 도시를 대표하는 식물원이 있다는 것, 그건 어떤 의미일까.

서울의 대표 식물원

2018년 10월 11일, 서울 강서구 마곡동은 서울식물원의 임시 개장으로 떠들썩했다. 개장 첫날부터 인터넷에서 화제가 되더니, 주말에는 인산인해를 이룰 정도로 서울식물원은 인기 폭발이었다. 서울시민들이 식물에 이렇게 관심이 높았던 것일까. 아니면 새로 생긴 공원에 대한 단순한 호기심일까. '서울 서남권에 처음으로 생긴 대규모 공원'이기 때문일까. 어느 쪽이든 서울식물원은 그동안 미처 충족되지 못했던 사람들의 니즈needs를 제대로 건드린 듯했다.

서울에 식물원이 생겼다는 소식이 이렇게 화제가 되는 것을 보고 첫 번째로 떠올랐던 질문은 '그동안 서울에 식물원이 없었나?'였다. 물론 있었다. 먼저, 일본에 의한 오랜 치욕의 역사를 상징하는 창경궁의 식물원을 꼽을 수 있겠다. 남산에도 90년대에 만들어진 야외식물원이 있다. 어린이대공원, 관악산공원, 서울숲과 같이 큰 공원 내에 조성된 식물원들까지, 크고 작은 식물원들이 서울 곳곳에 있다. 그럼에도 불구하고, 그동안 서울을 대표한다고 할 만한 식물원은 없었던 것이 사실이다.

서울식물원의 온실은 지중해관과 열대관의 두 전시실로 이루어져 있으며, 각 기후지역의 대표 식물들을 볼 수 있다.

세계적으로 유명한 식물원들은 그 자체로 도시의 중요한 랜드마크다. 뉴욕식물원, 런던의 큐 왕립 식물원, 싱가포르 식물원, 몬트리올 식물원, 덴버 식물원, 뮌헨 식물원, 시드니 왕립 식물원, 교토식물원 등등 다 헤아리기도 어려울 정도로 많은 식물원들이 도시의 명소로 알려져 있다. 대개는 도시의 지명을 식물원에 그대로 사용해서 대표성과 상징성이 더 강조된다. 여러 여행 관련 기사에서는 '세계 10대 식물원'이라는 이름으로 소개되기도 하고, 그 도시의 시민들뿐만 아니라 관광객들에게도 많이 알려져 발길을 끌고 있는 곳들이다.

서울식물원에서 다양한 주제의 정원과 온실, 교육공간들이 모여 있는 '주제원'의 전경.

서울에는 그동안 그런 식물원이 없었다. 서울식물원에 대한 기대가 그래서 더 크다. 그저 도시 안에 나들이 갈만한 명소, 산책과 휴식을 즐길 수 있는 공원이 하나 더 늘었다는 이상의 의미가 있다. 식물원을 가지고 있다는 것은 자연에 대한 그 도시의 포용력과 지적 수준을 가늠하는 지표가 되기 때문이다. 식물원의 가장 중요한 역할은 여러 가지 다양한 식물들을 보존하고, 사람들에게 알리고, 교육하는 일이다. 그렇기 때문에 만들고 유지하는 비용이 많이 든다. 그런 부담을 도시가 용인한다 함은 곧 그 도시에 사는 시민들이 식물에 대해 알고자 하는 욕구가 있고, 다양한 종류의 식물을 가꾸고 보존하는 것이 중요하다는 데 공감하는 시민의식이 있다는 뜻이 된다.

식물원 더하기 공원

원래 서울식물원은 계획 단계에서 마곡중앙공원이라는 평범한 이름으로 불리다가, 명칭 공모전을 거쳐 '서울 보타닉파크'로 정식 명명되었다. 이것에 해당하는 한국어 이름이 '서울식물원'인 점이 특이하다. 식물원은 통상 botanical garden, 혹은 botanic garden으로 번역된다. 그런데 서울식물원은 Seoul Botanic Park다. 식물원과 공원이 합쳐졌다는 콘셉트에 따른 이름이었다. 식물원이 마치 공원처럼 편안한 여가를 보내는 장소가 되고, 공원이지만 식물에 대한 전문적인 지식도 얻어갈 수 있는 공간이라는 의미로 해석할 수 있겠다.

내가 전 세계 모든 식물원을 다 가본 것은 아니지만, 해외도시에서 경험했던 식물원의 모습은 식물의 종류가 다양하고 온실과 같은 특수한 시설이 있다는 점을 제외하면 보통의 공원과 크게 다르지 않았다. 주민들이 가볍게 산책을 나오고, 가족이나 연인과 시간을 보내기 위해서 식물원을 찾는다. 입장료가 있는 곳은 회원제로 운영하기도 한다. 그만큼 식물원을 가는 것이 특별한 일이 아니라 일상적인 생활의 영역에 들어와 있는 것을 알 수 있었다.

서울식물원의 호수원은 수변을 따라 산책로가 조성되어 있어 시민들의 휴식, 여가공간으로 사랑받고 있다.

서울식물원을 만끽하려는 사람들의 발걸음은 밤늦게까지도 이어진다. 이곳이 공원으로서 사랑을 받는 것은 의심할 여지가 없어 보였다. 그렇다면 식물원으로서는 어떨까. 아무리 공원 같은 식물원이라지만, 식물원으로서 관리돼야 하는 부분은 분명히 있다. 실제로 식물원의 역할을 가장 많이 담당하는 온실과 주제원은 다른 구역들과 운영 시간이 다르고 입장료도 따로 받는다. 여기에서는 피크닉을 하거나 반려견과 산책을 하는 일 또한 금지된다. 식물 보호를 위해서다. 온실과 주제원이 식물을 전시하고 보존, 교육한다는 식물원으로서의 본분을 다하고, 그러면서도 시민들이 자유롭게 공원으로서 이용하려면 이러한 분리전략은 필요해 보였다. 이것이 시민들로부터 이해받고 존중받을 때 식물원과 공원은 비로소 균형 있게 공존할 수 있다. 식물이 공원의 배경이 되는 것이 아니라, 공원을 가는 동기가 되고 공원의 존재 이유가 돼야 한다.

'식물, 문화가 되다'는 서울식물원이 내걸고 있는 슬로건이다. 그 말대로, 식물을 배우고 즐기는 것이 서울에서 하나의 문화로 자리 잡길 기대해본다. 그랬을 때 서울식물원은 이름뿐만 아니라 정말로 서울을 대표하는 식물원으로 성장했다고 할 수 있을 것이다.

온실과 주제원은 입장권을 구매해야 들어갈 수 있다. 주제원 입구에는 매표소와 출입 게이트가 설치돼 있다.

도시형 식물원

식물원과 수목원은 생태계 내의 살아 있는 식물을 수집해서 일반인에게 전시하는 시설을 뜻한다. 식물원의 유형은 입지 특성을 바탕으로 전원형과 도시형으로, 주요 기능을 기준으로 식물전시연구와 가드닝 교육 중심으로 구분할 수 있다. 우리나라의 식물원과 수목원은 국립수목원, 한국자생식물원, 아침고요수목원, 한택식물원, 천리포수목원 등 식물전시연구 중심의 전원형이 대부분이다. 한편 해외 주요 식물원들은 뉴욕의 보타니컬 가든Botanical Garden과 브루클린 보타닉 가든Brooklyn Botanic Garden, 프랑스의 파크 플로랄 드 파리Parc Floral de Paris와 자르뎅 보타니크 드 보르도Jardin Botanique de Bordeaux, 영국의 로열 보타닉 가든Royal Botanic Garden, 싱가포르의 가든스 바이 더 베이Gardens by the Bay 등 도시형이 많으며, 그 기능도 식물의 전시·연구에서부터 가드닝 교육까지 넓은 스펙트럼을 보인다. 도시형 식물원은 도시와 지역사회의 녹화 및 가드닝 문화 확산에 직접적인 기여를 하고 있고, 도시 관광의 중심으로서 상업적인 성공도 이루고 있다는 특징을 가진다. 또한 대학의 식물연구 기능은 약화되는 반면 식물원이 그 역할을 담당하는 추세로 전환되고 있는데, 특히 영국의 왕립식물학회에서는 1992년부터 생활 속 식물문화에 기반을 둔 전시와 연구가 활발히 진행 중이다. 급격한 도시화의 진행으로 도시 환경이 악화됨에 따라 쾌적한 생활환경과 여가 활동 공간의 필요성이 증대되고 있으며, 도시형 식물원은 이러한 관점에서 그 중요성이 더욱 커지고 있다.

참고자료

박훈, “도시형 식물원 및 수목원의 미션·비전에 따른 단지설계 전략 연구: 마곡중앙공원을 중심으로”, 『대한건축학회 논문집-계획계』 31(12), 2015, pp.153~164.

뉴욕 시 브롱크스에 위치한 뉴욕 보타니컬 가든.
1896년에 설립되어 전 세계적으로 식물원 문화를 선도하고 있는 유서 깊은 식물원이다.

을지로

밀레니얼 힙스터들이 모이는 곳

을지로가 뜬다는 이야기를 처음 들었을 땐, 지나가는 한 시절의 유행일 줄 알았다. 누군가는 젊은 세대들의 가벼운 과시적 소비라 깎아내렸고, 누군가는 을지로의 오랜 역사와 전통만을 고집하기도 했다. 하지만 실제로 가본 '힙지로(새로운 것을 지향하고 개성이 강한 것을 나타내는 영단어인 hip과 을지로의 합성어)'는 그렇게 쉽게 쇠할 것 같지 않았다. 저마다의 개성을 자랑하는 서울의 많은 상권 중 '힙'하다는 별칭을 얻은 것은 을지로가 유일하다. 왜 하필 을지로일까. 을지로의 무엇이 밀레니얼 세대를 움직이게 만들었을까. 또 밀레니얼들은 을지로를 어떻게 바꿀 수 있을까.

머리, 어깨, 무릎, 힙!

요즘 서울의 힙스터들은 을지로로 모인다. '힙스터'란, 주류 문화에 반항하며 독특한 자신들의 문화를 새롭게 만드는 젊은 세대들을 가리키는 말이다. 1940년대의 미국에서 처음 등장한 힙스터 문화가 21세기 서울의 을지로에서도 꽃을 피우고 있다.

전통적인 을지로의 이미지는 '힙지로'와 많이 달랐다. 공업사, 인쇄소, 조명 상가 등 소규모 제조업체들이 밀집한 도심 산업의 중심지로 이름을 떨쳤다. 유기적으로 활발히 작동되는 산업 생태계는 을지로 생명력의 근원이었다. 저렴한 인테리어 견적을 찾아 발품을 팔거나, 오래된 맛집을 찾거나, 실험적이고 예술적인 기회를 잡기 위한 사람들로 을지로는 여전히 붐빈다. 전성기 을지로의 영광은 그 색이 다소 바랬지만, 오랜 세월 뿌리를 내린 을지로 생태계는 쉽게 무너지지 않는 저력을 뽐내고 있었다.

각종 공업사와 인테리어 업체들이 밀집해있는 을지로3가의 풍경.

밀레니얼들은 그 위로 또 다른 층위의 을지로를 만들어냈다. '밀레니얼 세대'는 1980년대 초반부터 2000년대 초반에 태어난, 지금의 20~30대 청년들을 가리킨다. 밀레니얼 문화의 가장 큰 특징이자 그들 삶의 수단은 정보통신 기술이다. 베이비붐 세대들이 호황의 세대라면, 밀레니얼은 불황의 세대다. 밀레니얼의 손에 쥐어진 스마트폰은 이 핸디캡을 극복하고 창의적으로 세상을 개척해나가는 중요한 도구가 됐다. 집이나 차를 사는 대신 공유 경제를 발전시켰고, 가지고 있는 부족한 자원으로 가장 필요한 대상에 집중하는 '소확행(소소하지만 확실한 행복)'을 실천하고 있다.

'인스타그램'으로 소통하고 '유튜브'로 교류하는 밀레니얼의 문화는 겉으로 봐선 잘 드러나지 않는다. 하지만 SNS 속 을지로는 밀레니얼이 자유롭게 해석하고 조합한 힙스터의 세계다. 조선시대, 개화기, 근대 따위로 구분하는 시간의 흐름은 밀레니얼에게 지루하고 무의미하다. 각자가 생각하기에 가장 매력적이고 유일무이하다고 여겨지는 시간의 풍경들을 조합해 현대의 SNS 속에 펼쳐놓는다. 을지로는 이 콜라주를 가장 다양하게 완성할 수 있는 자원의 보고가 됐던 것이다.

을지로의 좁은 골목 안에 숨겨져 있는 카페. 요즘 유명세를 타고 있는 을지로의 핫플레이스다.

을지로 도시재생의 힘

그런 을지로가 서울시의 도시재생사업으로 연일 화두에 올랐다. 을지로 재개발의 논란은 그 역사가 상당하다. 을지로를 가로지르는 세운상가가 대표적이다. 1987년 용산전자상가가 개발되면서 구시대의 유물로 낙인찍힌 세운상가는, 90년대부터 시작된 오랜 논의 끝에 전면 철거의 수순을 밟기 시작했다. 그러다 사업성 문제로 철거가 보류되었고, 2014년 서울시는 마침내 세운상가 존치를 공식적으로 발표했다. '도시재생'이란 새로운 정책 기조를 실행할 첫 번째 장소로 세운상가가 선택된 것이다. 조금씩 세운상가의 가치가 재조명되면서 서울시의 실험도 빛을 보는 듯했다.

2019년부터 불거진 을지로 일대의 재개발 논란은 그래서 더욱 안타깝다. 을지로에는 역사가 있고 현재의 삶이 있으며 새로운 상상력과 기대감도 여전히 있다. 노장의 기술과 청년의 아이디어를 조우시켜 새로운 기회로 만들고자 한 세운상가 재생사업의 철학이 왜 을지로의 다른 현장에서는 적용될 수 없는 것일까?

밀레니얼들이 찾는 명소들은 물리적으로 잘 드러나지 않는다.
이곳은 유명한 비건 레스토랑이 위치한 곳이지만, 언뜻 봐서는 찾기 어렵다.

재개발 계획으로 갈등이 불거진 을지로. 을지로 재생의 힘은 어디에서 오는 것일까.

밀레니얼들에 의해 '힙지로'로 재해석되는 을지로를 보며, 도시를 재생하는 힘은 무엇인지 생각해 보게 된다. 시 정부의 변화무쌍한 도시재개발 정책, 오래된 맛집이 사라지는 것에 대한 안타까움의 여론, 삶의 터전을 잃게 된 사람들의 분노가 뒤섞인 을지로에서는 그 미래가 어떻게 될지 선뜻 상상하기 어려웠다. 대신, SNS 속에서 을지로가 꾸준히 재창조되고 소비되고 있는 이유로부터 도시재생에 필요한 약간의 단서를 찾을 수 있다. 미국 오리건 주의 포틀랜드 시는 '괴짜들과 힙스터들의 도시'로 알려져 있다. 포틀랜드 시 곳곳에서는 'Keep Portland Weird'란 슬로건이 심심찮게 보인다. 포틀랜드가 계속 괴상하고 엉뚱한 곳이 될 수 있게 하자는 뜻이다. 모든 도시에는 그 도시만의 경쟁력이라 할만한 참신하고 혁신적인 지점들이 있다. 이것을 얼마나 잘 찾아낼 수 있는지는 기성 문화에 갇히지 않고 얼마나 자유롭게(엉뚱하게) 상상할 수 있는지에 달려있다는 생각이, 포틀랜드를 힙한 도시로 주목받게 하고 있는 것이다.

도시재생의 원동력은 그런 엉뚱함의 기회들을 열어두는 것이 아닐까. 이것은 곧 을지로가 소위 '뜨는 곳'이 될 수 있었던 힘이기도 하다. 오랜 역사를 가진 도심은 수많은 문화의 결이 얽히고설켜 있다. 그 깊이감이 가지는 가능성을 얕보지 않는 서울이 됐으면 한다.

밀레니얼 세대

밀레니얼 세대는 미국의 작가 닐 하우Neil Howe와 윌리엄 슈트라우스William Strauss가 1982년부터 2004년까지 출생한 세대라고 정의했으며 모바일 디지털 기술과 함께 성장한 첫 번째 세대이다. 1990년대 중반 이후 출생자를 구분하여 Z세대라 부르기도 한다. 미국에서 밀레니얼 세대는 2020년 대통령 선거부터 베이비부머 세대와 X세대를 제치고 인구 구성에서 최대 비율을 차지하게 되어 선거에 큰 영향력을 발휘하게 됨에 따라 더욱 주목받고 있다. 밀레니얼 세대는 초기 성인기에 전 세계적인 금융위기를 경험했으며, 최고 수준의 공식 교육을 받은 최초의 디지털 네이티브로서 유비쿼터스 정보이용을 통한 디지털적 연결을 자연스럽게 수용하는 세대이다. 이전 세대와 달리 새로운 가치 추구, 전통적 제도에 대한 불신, 극단적인 관용, 타문화에 대한 인정과 포용을 보인다는 점이 특징으로 꼽힌다. 세계적인 회계법인인 딜로이트Deloitte는 매년 전 세계 밀레니얼 세대를 대상으로 조사를 진행하고 있는데, 2019년 11월 기준으로 발표된 보고서에서는 코로나19의 팬데믹 전후 밀레니얼 세대들이 가지고 있는 관점을 분석하였다. 이에 따르면, 밀레니얼 세대는 전염병 발병 전후 사회적 문제에 더 큰 관심을 보이고 있고, 지역사회와 지구촌사회에 기여하고자 하는 욕구가 크며, 지속가능한 환경문제에 가치의 우선순위를 두는 것으로 나타났다.

참고자료

류재성, “미국 밀레니얼 세대의 특징과 과제”, 『의정연구』 57, 2019, pp.217~222.

Deloitte, The Deloitte Global Millennial Survey, 2020.

N. Howe and W. Strauss, *Millennials Rising: The Next Great Generation*, New York: Vintage Books, 2000.

을지로에 있는 한 제로웨이스트(Zero Waste) 매장.
밀레니얼 세대는 제로웨이스트, 비건 등 사회문제 해결에 기여하는 가치소비를 지향한다.

노들섬

한강대교 위에 갇힌 섬, 다시 시민의 공간으로

출퇴근길의 한강대교는 전쟁터다. 직진하는 차량, 유턴하는 차량, 다른 도로로 갈아타기 위해 끼어드는 차량으로 혼돈의 도가니가 따로 없다. 어느 날부터는 버스까지 정차하기 시작했다. 항상 신경을 곤두세운 채 차를 타고 지나가기만 했던 한강대교. 그 한복판에 내려서 걸어갈 일이 생겼다. 노들섬에 가기 위해서였다. “여기서 내리시는 것 맞아요?” 정차벨을 누른 나에게 버스기사님이 던지신 그 한마디가 이곳이 그동안 얼마나 고립된 곳이었는지 실감나게 했다. 아직도 갈길이 멀어 보이는 노들섬. 남은 숙제는 무엇일까.

버려졌던 섬의 부활

2019년 9월 말, 약 반세기 동안 버려져 있다시피 했던 노들섬이 복합문화공간으로 개장 소식을 알렸다. 노들섬은 서울 한강대교 중간에 위치하고 있는 작은 섬이다. 하루에도 수많은 차량이 오가는 한강대교지만, 노들섬은 갈수도, 갈 일도 없었던 외딴 곳이었다.

이 섬은 1960년대까지 서울의 도심 속 휴양지였다. 원래는 넓은 모래밭이 있었고 여름이면 물놀이장, 겨울에는 스케이트장으로 애용됐었다는 도시전설 같은 이야기가 전해지고 있다. 그랬던 노들섬이 옛 정취를 잃어버리게 된 것은 강변북로 건설에 노들섬 백사장의 모래가 사용되면서부터였다고 한다.

그동안 노들섬을 다시 활용하기 위해 여러 가지 개발사업들이 제안됐었지만 번번이 무산돼 왔다. 이명박 전 대통령과 오세훈 시장을 거치면서 구체화된 '한강예술섬' 사업은 서울시의 정치권력이 바뀌고 막대한 예산이 문제가 되면서 백지화 수순을 밟았다. 고故 박원순 전 시장은 서울을 도시농업수도로 만들겠다는 비전으로 노들섬에서 텃밭 사업을 시작했으나 이 역시도 성공하지 못했다. 한강예술섬 사업 대비 큰 폭으로 예산규모를 줄이고 시민 참여적인 복합문화공간을 조성한 것이 현재로서는 성과라 할만했다.

2019년 9월 28일, 오랜 세월 방치돼 있었던 노들섬이 복합문화공간으로 새단장을 했다.

노들섬 복합문화공간으로 조성된 건물에는 대중음악 공연장, 오피스, 식음료 매장, 마켓 등이 입주해있다.

공간을 먼저 만들고 난 후에 운영자를 정하는 것이 그동안의 관례였다면, 이번 노들섬 개발사업은 이 공식에서 벗어나는 새로운 시도를 했다. 어떤 프로그램으로 운영할지를 먼저 정하고 그에 맞는 시설을 만든 것이다. 그리고 이 모든 과정을 시민 공모로 결정했다고 한다. 서울에 또 무슨 복합문화시설이냐라고 한다면, 문화콘텐츠의 생산과 소비가 유기적으로 연결되는 공간이란 차별성을 내세운다.

개장행사 때 방문한 노들섬은 과하지 않은 시설과 프로그램들이 섬의 풍경을 해치지 않아 평화롭게 느껴졌다. 63빌딩과 한강철교의 배경을 감상하는 것도 고전적인 즐거움이 있었다. 접근성은 여전히 아쉬웠지만 그 또한 섬의 매력이었다. 노들섬은 '섬'이라는 일탈의 이미지가 독보적인 자산이자 묘미였다.

그런 반면, 이제껏 제기된 노들섬 개발 아이디어들은 모두 섬이라는 특징을 살리기보다 어떤 기능을 추가로 넣을 것인가에 집중되어 있었다. 그 기능이라는 것도 역대 서울시장들의 정치적 정체성이 투영돼 결정됐다는 인상을 지울 수 없다. 오죽하면 노들섬을 서울시장들의 영욕이 깃든 섬이라고 평가할까. 문화비축기지, 서울식물원이 연이어 개장한 서울에 지금 필요한 것이 정말 복합문화공간인지도 의문이었다. 게다가 접근성과 대중성이 중요한 문화시설이 들어서기에 '섬'으로서 노들섬의 입지는 오히려 극복해야 할 약점이 되고 말았다.

'섬'이란 핸디캡, 혹은 장점

이 간극을 메우고자 서울시에서는 노들섬과 노량진, 그리고 용산을 잇는 보행교 사업을 추진 중이다. 서울 한강에 있는 31개의 다리 중 보행자만을 위한 다리는 단 한 개도 없다. 노들섬 위를 지나가는 한강대교가 본래는 한강을 걸어서 건너가기 위한 다리였다는 점도 보행교 사업의 중요한 역사적 근거가 되고 있다. 그러나 한강대교의 일부만이라도 보행교로 전환하자는 의견은 이전에도 나온 적이 있었지만 교통문제와 비용이 걸림돌이 됐었다. 단지 보행교를 건설한다고 해서 한강을 걸어서 건너가는 것이 편리해진다고 장담하기도 어렵다.

보행환경 개선이나 역사 복원의 이슈는 도시재생 프로젝트에서 늘 가치 있는 것으로 여겨진다. 하지만 노들섬은 조금 다르게 접근해, '섬'이라는 장점을 살리는 것도 재생의 효과적인 방법일 수 있다. 주말에 근교라도 나가보려면 엄청난 교통체증에 시달려야 하는 서울시민들에게, 빠르고 쉬운 일탈의 경험을 선사하는 공간으로서 노들섬의 '고립성'을 이용하는 것도 고려해볼만 하다.

미국 뉴욕시에는 거버너스 아일랜드라는 섬이 있다. 맨해튼 남부에서 배로 약 5분 정도면 도착할 수 있는 작은 섬으로, 본래 군사기지였다가 지금은 공원과 피크닉, 글램핑장 등으로 활용되고 있는 곳이다. 무엇보다 도심에서 어렵지 않게 잠시 벗어날 수 있다는, '섬'으로서의 매력이 돋보인다. 거버너스 아일랜드 홈페이지에 들어가면 "The Easiest Way to Get Away(휴가를 떠나는 가장 쉬운 방법)"이란 문구가 제일 먼저 뜨는데, 이 섬의 콘셉트를 잘 설명하고 있다.

반면 노들섬은 시민들에게 어떤 경험을 선사하고자 하는지 분명하지 않다. "음악을 매개로 한 복합문화기지", "익숙하고도 낯선 도심 속 자연의 공간"이라는, 어느 곳에서도 적용될 수 있을 것 같은 문구 뿐이다. 이번에 조성된 복합문화공간은 이전 시장들의 정책보다 심리적 장벽은 많이 낮아졌지만, 그만큼 공간의 정체성은 모호해졌다.

뉴욕 맨해튼의 거버너스 아일랜드. 5~10월 동안 개장되는 휴양 및 문화공간이다.

노들섬이 해결해야 할 또 하나의 숙제는 동계 활용 문제다. 뉴욕의 거버너스 아일랜드는 아예 11월부터 4월까지는 개방하지 않는다. 그래서 더욱 경험의 희소성이 있다. 칼바람 부는 한강을 걸어서 건너 문화이벤트를 즐기러 갈 수요를 창출할 대안이 없다면, 또 다시 예산 낭비의 지적을 피할 수 없을 것이다.

50여년의 세월 동안 방치되면서 노들섬을 둘러싼 환경이 너무 많이 변했다. 이미 차량 중심의 한강대교 속에 갇혀 버린 섬의 입지를 억지로 극복하려 하기보다, 이것을 장점으로 승화시키는 발상의 전환도 필요해 보인다. 50년 전 노들섬으로 나들이 가던 즐거움이 다음 세대에게도 이어질 수 있는 현명한 정책을 기대해본다.

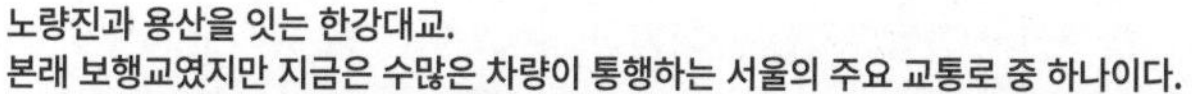

노량진과 용산을 잇는 한강대교.
본래 보행교였지만 지금은 수많은 차량이 통행하는 서울의 주요 교통로 중 하나이다.

한강종합개발

한강종합개발사업은 1981년 9월 서울올림픽 유치가 결정된 직후 한강의 하천공간을 다목적으로 이용하기 위해 시작되었다. 총 사업비는 9,650억 원이었으며 1982년 9월부터 1986년 9월까지 4년 동안 진행되었다. 이 때 한강변 양쪽에 13개 지구, 694만㎡의 고수부지가 만들어져 한강에서 수상 레저와 유람선 등을 즐길 수 있게 되었다. 기존 강남도로를 확장하고 성산대교에서 행주대교에 이르는 물길에 제방을 쌓아 올림픽대로를 건설했으며 행주, 양화, 여의도, 한강대교, 한남대교에는 나루터가 있던 역사를 살려 선착장을 설치했다. 그러나 1990년대부터 한강개발이 인간과 자연을 배제한 외형적 성장에만 초점을 맞추어 진행되었다는 문제점이 제기되면서 한강의 자연성을 회복하자는 움직임이 시작되어, 현재까지도 자연성 회복을 위한 각종 계획들이 추진되고 있다. 한강종합개발사업은 한강을 수해에서 벗어난 친수공간으로 만들었지만, 과도한 인공구조물의 도입으로 자연환경이 훼손됐다는 비판도 동시에 받고 있는 사업이다.

참고자료

경향신문, “화보로 보는 한강종합개발 30년”, 2016. 9. 17.
국가기록원(theme.archives.go.kr)

이촌한강지구의 풍경. 한강종합개발은 한강을 친수공간으로 바꾸었지만 자연성을 잃었다는 비판이 제기되면서 이를 회복하기 위한 다양한 노력들이 지속되고 있다. 이촌한강지구는 지난 2017년 자연성 회복사업이 완료되었다.

이태원

수많은 박새로이들이 사랑에 빠진 '진짜'의 클라쓰

오랜만에 드라마를 보면서 흠뻑 감정이 이입돼 울고 웃었다. 웹툰이 원작인 탓인지 손발이 오그라들 것 같은 장면도 많았지만, 온갖 불의와 편법에 맞서 나아가는 주인공을 보면서 묘한 위로를 받았다. 사회생활을 할수록 불합리한 것들을 더 자주, 더 강하게 마주하게 되는 와중에, 그럼에도 여전히 '진짜'는 통한다는 메시지가 괜히 울컥했다. 이 웹툰의 배경은 왜 하필 이태원이었을까. 젊고 개성 있는 상권이라면 홍대도 있고, 성수동도 있는데. 원작자도 동의할지는 모르겠으나, 이태원이어야만 했던 이유가 있다고 생각했다.

크리에이터들이 찾는 동네

서울 이태원을 배경으로 한 TV 드라마가 인기였다. 자기만의 소신과 재능으로 삶을 쟁취해가는 청춘들의 이야기가 어쩐지 쾌감을 자극한다. 이태원에 처음 가보게 된 주인공 '박새로이'는 망설임 없이 이곳을 자신의 새로운 도전의 터전으로 낙점했다. 서울만 해도 핫한 상권들이 넘쳐나지만, 어떤 이유에서인지 주인공은 이태원의 매력에 한눈에 반했다고 말한다.

2000년대까지만 해도 이태원은 한국에서 경험하기 어려운 외국음식, 외국문화를 접할 수 있는 '한국 속의 외국'이란 정체성이 강했다. 물론 이런 특징은 지금도 이태원을 설명할 때 빼놓을 수 없지만, 이제 더 이상 전 세계 문화의 전시장, 지구촌의 축소판이란 수식어만으론 이태원을 정의하기에 충분치 않다.

이태원 초입에서 바라본 풍경. 웹툰을 원작으로 한 TV 드라마의 배경이 된 곳이다.
멀리 이슬람 사원이 보인다.

언제부터인가 이태원에 독자적인 감성을 가진 가게들이 하나둘씩 들어서면서 변화가 시작됐다. 경리단길, 우사단길 같은 골목길의 이름이 이태원의 명성을 대신하고, 수많은 '박새로이'들이 이태원으로 몰려들었다. 그전까지의 이태원이 외국인과 성소수자들의 문화를 체험하는 전시장이었다면, 이제는 독특한 아이디어와 열정으로 무장한 힙스터hipster들의 런웨이run way가 된 느낌이다. 한 번 형성된 그들의 생태계는 또 다른 크리에이터들을 불러들이는 기반이 되며 기세를 이어나갔다.

물론 이태원은 처음 장사를 시작하는 청년들이 도전하기에 쉽지 않은 상권이다. 개성 넘치는 거리에서 살아남기 위한 경쟁도 치열할뿐더러, 비싼 임대료라는 거대한 진입장벽도 있다. 오늘의 이태원을 만들어냈지만 높은 임대료를 감당하지 못한 가게들이 내쫓기는 젠트리피케이션gentrification이 일어나며, 이태원의 아우라가 예전만 못하다는 아쉬움의 목소리도 들린다.

젠트리피케이션 현상으로 예전만 못하다는 평을 받기도 하지만,
그럼에도 여전히 이태원은 다른 상권과 차별화되는 개성적인 거리다.

오리지널리티originality가 만들어내는 클라쓰

잘 알려져 있듯 이태원 상권은 미군부대와 함께 성장했다. 나는 몇몇 소극장에서만 개봉했던 한 다큐멘터리 영화에서 아직 어렴풋이 남아 있는 이태원의 과거를 볼 수 있었다. 이 영화는 이태원의 오랜 역사를 온몸으로 목격한 세 명의 여성들을 주인공으로 한다. 40년 넘게 한 자리에서 컨트리클럽을 운영한 사장님도 있고, 미군을 상대로 한 유흥업의 최전선에 있었던 어느 종업원의 파란만장했던 삶도 있다. 그저 별난 술집 거리 정도로만 이태원을 이해하던 사람들에게는 적잖은 충격으로 다가오는 내용이었다.

이 영화에 등장하는 컨트리클럽은 예전만큼 화려하진 않더라도 여전히 건재한 모습이다. 입소문을 듣고 일부러 찾아오는 외국인 관광객들이 심심찮게 있는 듯했다. 굳이 컨트리음악이나 주한미군에 관한 향수가 있지 않은 사람들에게도, 이곳은 이태원의 오리지널리티를 느낄 수 있는 몇 안 남은 장소로서 충분히 매력적인 곳이었다.

미군 기지촌으로서의 이태원을 기억하는 세 명의 여성들을 주인공으로 한 다큐멘터리 영화 '이태원'.

1975년에 용산 미군기지의 군인들을 타깃으로 오픈한 이태원의 컨트리클럽. 이태원의 터줏대감이다.

서울의 어느 동네보다 특유한 영향력을 가진 상권으로 발전하는 동안, 미군 기지촌으로 시작됐다는 이태원의 역사는 점차 희미해져 가고 있다. 하지만 성소수자, 무슬림, 아프리카 이주민들까지 받아들인 이태원의 개방성과 다양성은 그 역사로부터 비롯된 것이다. 미군이 뿌려대는 달러에 의존하고 그들을 사로잡는 것이 성공의 기준이었던 시절을 보내는 가운데, 이태원은 서울에서 타 문화에 대해 가장 포용적인 지역이 됐다. 이태원의 문화적 다양성은 외적으로 흉내만 낸 것이 아니라 자연스럽게 파생된 진짜 역사 경관이다.

이제 이태원은 특이한 외국 문화를 수용하는 것을 넘어, 소신 있는 청년들이 자신의 아이디어를 실험하고 싶어 하는 자극제가 되고 있다. 무엇이든 해봐도 좋을 것 같은 관용이 있지만, 어쭙잖지 않은 진정성이 승패를 가르는 타협 없는 세계. 그것이 '박새로이' 군이 이태원과 첫눈에 사랑에 빠진 이유이지 않을까.

창조계급(Creative Class)

창조계급은 미국의 도시경제학자 리처드 플로리다Richard Florida가 주장한 개념으로, 새로운 형태의 의미 있고 창조적인 일을 수행하는 사람들을 지칭하는 용어이다. 창조계급은 직접적인 창조 활동에 종사하는 코어 집단super-creative core과 창조적인 요인들이 중요한 부분을 차지하는 전문가 집단creative professionals으로 다시 구분된다. 코어 집단에는 컴퓨터 및 수학적인 직업, 건축 및 기술적 직업, 생명·자연·사회과학 분야의 직업, 교육·훈련 분야의 직업, 예술·디자인·엔터테인먼트·스포츠·미디어 분야의 직업이 포함되고, 전문가 집단에는 관리직, 사업 운영직, 법률직, 건강 관리 분야의 직업, 고급품 판매 및 관리 분야의 직업이 포함된다. 플로리다는 창조계급의 활동을 수용하지 못하는 도시는 경제적으로도 높은 성과를 내지 못한다고 주장했다. 반면 창조적인 사람들이 많은 도시는 관용과 다양성의 문화가 생기고 그로 인해 더욱 창조적인 혁신들이 환영받게 되며, 그러한 도시는 창조적인 표현과 소통, 기회를 통해 네트워킹이 이루어지는 문화적인 어메니티amenity가 만들어진다고 하였다. 그는 자신의 이론을 뒷받침할 수 있는 사례로 오스틴, 샌프란시스코, 시애틀 등을 들었는데 이 도시들은 모두 재능 있는 혁신가들에 대한 관용으로 창조적인 어메니티와 평판을 갖게 됨으로써 높은 경제성장률을 달성했다고 평가했다. 또한 게이 및 보헤미안의 수가 창조계급의 수와 밀접한 관련이 있다고 주장하기도 했다.

참고자료

G. Moss, “Artistic Enclaves in the Post-Industrial City”, *Florida’s Creative Class Thesis*, 2017, pp. 13-22.

미군 기지촌으로 시작된 이태원은 다양한 문화들을 수용하면서 그만의 독특한 개성이 살아 있는 거리로 발전했다. 게이힐, 후커스힐, 이슬람사원, 아프리카 거리 등이 공존하는 곳으로 서울에서 가장 타 문화에 관용적인 지역으로 꼽힌다.

Author's Diary

내 이름으로 나가는 내 글의 무게

대학원생이라면 '논문'이라는 인고의 결과물을 세상에 내보내면서 내 이름으로 발행되는 글의 무게감을 경험해봤을 것이다. 그것도 몇 번 하다 보면 조금 둔감해지기는 하지만, 그래도 내가 1저자[1]가 아닌(1저자가 아님에도 불구하고 1저자처럼 써야 하는) 다른 무언가를 쓸 때보다 공이 훨씬 많이 들어간다. 그래도 여러 명의 저명하신 심사위원들로부터 칭찬 반, 잔소리 반을 들으며 출간되기 전 어느 정도의 검증을 거친다. 하지만 심사위원들은 모두 '익명'이다. 결국, 이 글에 대한 책임은 내가 져야 하는 것이다. 그렇게 도와주는 사람이 아무도 없을 때는 또 어떨까. 철저한 자료조사와 팩트 체크는 필수다. 가장 신용할 수 있는 레퍼런스(reference, 참고자료)를 찾고, 논리의 비약은 없는지 더 최신 자료는 없는지 꼼꼼하게 검토한다. 그러면서 생각이 정리되기도, 바뀌기도 한다. 나 혼자만의 심사과정을 거치는 셈이다. 더군다나 내 칼럼은 온라인 뉴스로 게재되는 것이었다. 순식간에 수많은 사람들에게 노출된다. 누군가는 이 이슈에 대해서 나보다 전문가일 수 있다. 익명의 심사위원들보다 더 무서운 것이 독자들이었다.

처음 칼럼을 쓰기 시작했을 때 분량은 A4 기준으로 한 장에서 한 장 반 정도로 하라는 지침을 받았다. 그 이상 넘어가면 사람들이 잘 읽지 않는다는 것이다. 이 정도 분량이면 전달하고자 하는 메시지는 한 가지면 충분하다. 그래서 언제나 마지막 문단이 가장 쓰기 어려웠다. 앞에서 늘어놓은 이야기들을 깔끔하게 정리할 수 있는 핵심 포인트가 나와야 하기 때문이다. 떡밥만 있는 대로 다 던져놓은 채 열린 결말로 끝내버리는 영화를 보면 얼마나 화가 나는가. 그런 영화 같은 글을 쓸 수는 없었다. 명확한 메시지를 전달하는 결말을 쓰는 것, 그것도 내 글에 책임을 지기 위해 꼭 필요한 일이었다.

---

1 연구 및 논문 집필에 가장 많이 이바지한 저자.

평창
영주
대전

04

더 많은 관심이 필요한 중부지역

평창 한국의 두 번째 올림픽 개최지

영주 도시 주도 공공건축물 계획의 좋은 예

대전 노잼 도시에서 트렌드의 중심으로

평창

한국의 두 번째 올림픽 개최지

1988년 서울올림픽은 전설이었다. 교과서와 TV의 자료화면을 통해서만 볼 수 있는 '역사'였다. 올림픽 경기를 직접 가서 본다는 건 꿈같은 이야기였다. 그랬던 올림픽이 동시대에, 내가 사는 우리나라에서 열리게 됐다. 비싼 티켓값과 바가지요금 때문에 생각보다 올림픽 직관은 쉽지 않았지만, 그럼에도 설레는 일이었다. 하지만 서울올림픽을 개최할 때와는 사정이 많이 달라졌다. 올림픽 운영에는 화려함보다 지혜로움이 더 필요해졌다. 우리나라 두 번째 올림픽의 개최지가 된 평창은 이 변화를 얼마나 잘 받아들이고 있을까.

올림픽을 앞둔 설렘으로 가득 찼던 대관령

평창, 그중에서도 대관령은 여름은 여름대로, 겨울은 겨울대로 사람들의 발길을 재촉하는 매력 있는 곳이다. 먼저 겨울철 대표 레포츠인 스키 문화가 국내에서 본격적으로 시작된 곳이라는 이야기를 빼놓을 수 없겠다. 1975년에 개장한 강원도 평창군 대관령면의 용평리조트는 우리나라에서 최초로 현대식 시설을 갖춘 스키장이었다.

용평리조트에서 발왕산 정상까지 연결된 곤돌라를 타고 올라가면 강원도의 웅장한 산들이 그림처럼 펼쳐진다. 스키장 정상에서 바라보는 풍경은 언제나 감동과 설렘을 안겨주지만, 평창의 그것은 조금 특별하다. 아마도 발왕산을 포함해서 백석산, 황병산 등 고도 1,000m 이상의 명산들이 자태를 뽐내고 있는 고산지대이기 때문일 것이다.

용평리조트 발왕산 정상에서 보이는 평창의 고산지대 풍경

영화와 예능 프로그램에 등장하면서 유명해진 '스키점프 센터'는 이제 대관령면의 명물이 됐다. 아래에서 올려다보는 스키점프대의 높이와 경사가 아찔하다. 내가 방문했던 날은 바람이 많이 불어서 스키점프대 출입구가 있는 정상까지 운행하는 모노레일을 탈 기회는 없었지만, 대신 자동차를 타고 올라갈 수 있어 다행이었다.

스키점프타워의 전망대에서는 대관령면 일대가 훤히 내려다보인다. 이곳에 서서 점프대의 활주로를 보는 것만으로도 스키점프 선수들이 느낄 긴장감 같은 것이 느껴졌다. 경기장 시설을 보고 나서 전혀 관심도 없던 스키점프란 경기종목을 보러 와야겠다는 생각이 들 정도였다. 경기장 자체가 가지는 아우라가 경기 대회의 홍보 효과까지 내는 셈이었다.

2009년 6월에 개장한 알펜시아 스키점프 센터. 평창올림픽 때 스키점프 경기가 열렸다.

평창엔 스키점프대 말고도 볼거리, 즐길 거리가 많다. 평창의 또 다른 명소인 대관령 양떼목장은 1988년에 만들어졌다. 지금처럼 목장을 관광이나 체험의 장소로 생각하는 사람이 흔치 않았던 시절이다. 2004년부터는 실내악 프로그램으로 구성된 대관령음악제가 매년 열리고 있다. 우리나라 음악 페스티벌의 선두주자 격인 '자라섬 재즈 페스티벌'이 2004년에 시작됐으니, 대관령음악제의 역사와 깊이를 짐작할 만하다. 무더운 여름날, 일상에서 벗어나 고산지대의 선선한 바람을 맞으며 듣는 음악제의 선율은 평소에 클래식 음악을 그다지 즐기지 않는 이들에게도 특별한 피서가 될 것이었다.

그리고 2018년, 평창은 우리나라의 두 번째 올림픽을 개최한 도시가 됐다. 이렇게 새로운 관광, 여가 문화를 소개해왔던 평창은 올림픽 개최 도시라는 이름까지 얻게 된 것이다. 올림픽은 도시의 이름을 알리는 데 굉장히 효과적이다. 국가가 아닌 도시의 이름을 따기 때문이다. 2020년 하계올림픽 개최지인 도쿄(2020 도쿄 올림픽은 코로나19로 인해 연기되었다), 2022년 동계올림픽 개최지인 베이징보다 홍보가 안 되어 있다고 걱정들이 많았다. 한 나라의 수도로서 이미 유명한 도시들과 비교되는 게 무슨 대수인가. 올림픽 개막일부터 17일간 대한민국 산간지방의 한 소도시인 평창의 이름이 전 세계 곳곳에서 하루에도 수십 번 불렸으니 말이다.

평창 대관령면의 알펜시아 리조트 일대 전경. 대관령국제음악제가 열리는 뮤직텐트가 보인다.

올림픽 준비보다 더 중요한 사후 활용

하지만 그뿐이다. 올림픽 개최가 성장의 지표가 되고 막대한 경제적 파급효과를 기대할 수 있었던 건 이미 옛날이야기가 됐다. 이제는 친환경적으로 운영되고 경기장의 사후 활용계획이 철저한 올림픽이 박수받는 시대다.

그에 반해 평창은 올림픽 개최를 1년여 앞둔 시점까지도 기대보다 우려의 목소리가 많았다. '환경올림픽을 지향하겠다', '한류 관광객을 유치하겠다'라는 막연한 선언만 있을 뿐이었다. 경기장 건설로 파괴된 자연환경의 복원은 아직도 오리무중이고, 개별경기장 활용방안은 올림픽이 끝난 지 2년을 훌쩍 넘긴 시점에서야 대충의 그림이 그려졌다.

2017년 겨울, 올림픽 준비를 위한 공사가 한창이었던 대관령면의 모습이다.

지난 2017년 연초에 찾은 평창 대관령은 공사가 한창이었다. 올림픽에서 전 세계 선수들이 활약할 경기장 시설들이 위용을 드러내고 있었다. 지금은 올림픽기념관이 들어선 올림픽플라자도 공사가 한창이었다. 이곳은 올림픽 개회식과 폐회식이 열린, 평창올림픽의 가장 상징적인 장소였다. 그리고 앞으로도 올림픽 유산으로서 그 역할이 기대되는 곳이기도 하다.
나는 늘 자동차를 이용해 대관령을 방문했었다. 그래서인지 대관령면 내를 걸어 다녀본 기억이 별로 없다. 하지만 자동차를 타고 이동하다 보면 장소들을 '점'으로만 경험하게 된다. 빠른 이동 속도가 중간에 지나쳐 오는 풍경에는 관심을 기울이기 힘들게 만드는 탓이다. 하지만 대관령면은 발길이 이끄는 대로 천천히 산책하기에 부담스럽지 않은 크기였다. 횡계 시외버스터미널에서부터 걸어서 15분 정도면 횡계로터리를 지나 올림픽기념관까지 다다를 수 있다. 대관령면 일대를 흐르는 송천을 따라 조금 돌아가도 괜찮은 거리다.

올림픽기념관은 대관령면 거리에서 만나는 지역의 다양한 얼굴 중 하나가 되었으면 했다. '여기서 올림픽이 개최되었다'라는 사실을 단순히 기록하는 공간이 아니라, 주민들의 삶 속에 녹아들어 일상적으로 활용되는 장소가 돼야 한다는 이야기다. 그러기에 기념관 건물의 웅장한 규모는 여전히 자동차를 타고 가다 잠깐 '찍고 가는' 점이 될 것 같아 걱정스럽기도 하다. 올림픽 유산이지만 '올림픽'이라는 단어에 집착할 필요는 없지 않을까. 그보다 평창의 문화자원을 더욱 풍부하게 만드는 계기로 활용하는 안목이 중요하다. 평창올림픽이 빚더미만 남겼다는 오명을 벗기 위해서라도, 주민들이 직접 가꾸고 지혜롭게 운영하면서 지역의 자부심으로 남게 되길 바란다.

메가이벤트

올림픽, 월드컵, 엑스포와 같은 대규모 행사를 메가이벤트라 지칭하는데, 명확하게 정의가 내려져 있는 용어는 아니다. 대부분의 학자들은 이벤트의 규모, 성격, 파급효과 등을 종합적으로 고려해 정의를 내리고 있지만 규모와 파급효과에 대한 명확한 기준은 없다. 메가이벤트의 유형은 행사의 외형적 규모에 따라 지역이벤트local event, 국가 차원의 메이저이벤트major event와 홀마크 이벤트hallmark event, 국제적 규모의 메가이벤트mega event로 구분하기도 하고, 내용적 특성에 따라 스포츠 행사, 엑스포, 축제, 종교·문화행사, 정치적 행사 등으로 분류되기도 한다. 메가이벤트는 투자 활성화, 직접 소비지출 등을 통한 경제적 효과와 이미지 향상, 언론 노출효과 등의 비경제적인 효과를 통해 지역사회에 기여한다고 평가된다. 지방정부는 중앙정부의 지원을 받아 각종 사회간접자본을 확보할 수 있고 지역 경제 활성화, 지역 이미지 상승, 국제사회와의 교류 확대, 주민의식 수준 향상 등 여러 가지 긍정적인 효과를 기대할 수 있다. 하지만 막대한 초기투자비용과 사후 관리비용, 주민갈등, 부동산 투기 등으로 인한 부정적인 평가도 함께 존재한다. 개최지의 입장에서는 국내외의 정치·경제적 상황에 영향을 받기도 하고 방문객 유치 문제가 발생하기도 하는데, 평창 동계올림픽 역시 국내 정치와 남북한 관계 문제로 인해 어려움을 겪은 바 있다.

참고자료

김혜선·최영배, "메가이벤트 개최 지지도에 따른 여가제약, 협상, 동기의 차이에 관한 연구: 평창 동계올림픽 사례를 중심으로", 『관광레저연구』 31(12), 2019, pp.311~327.

김혜천, "국제적 메가이벤트 유치전략의 쟁점과 정책적 함의", 『지방행정연구』 26(2), 2012, pp.31~54.

지난 2012년 국제박람회기구 인정 엑스포를 개최한 여수시 또한 방문객 유치의 어려움을 겪었으며 엑스포 시설의 사후 활용이 적절히 이루어지지 않아 이에 대한 지적이 이어지고 있다.

영주

도시 주도 공공건축물 계획의 좋은 예

나에게 영주는 곧 부석사 무량수전과 동의어 같은 곳이었다. 무량수전은 배흘림기둥이란 정겨운 이름의 건축양식, 그리고 얼마 남아 있지 않은 고려시대 목조 건축물이라는 것 덕분에 기억하기 쉬웠다. 그런데 이 자그마한 도시가 공공건축 정책에서는 서울보다 앞서 있을 줄은 미처 몰랐다. 무량수전에 이어 건축의 카테고리에서 주목을 많이 받는 것에 대해, '그런 유전자라도 있는 걸까'라는 엉뚱한 생각도 들었다. 좋은 건축물을 체계적으로 짓기 위해 노력하는 것도 도시를 발전시키는 좋은 방법임을 알게 해준 영주의 이야기다.

서울보다 먼저 공공건축가가 있었던 도시

경상북도 영주시는 인구 10만의 작은 도시이지만, 이름이 낯설지 않다. 유명한 지역특산물인 영주사과와 풍기인삼, 소백산국립공원의 국보 같은 자연 풍광, 혹은 부석사나 소수서원처럼 유서 깊은 역사 문화유적들 덕분이다. 특히나 영주시는 '선비의 고장'임을 내세우면서 전통문화유산들을 적극적으로 어필하고 있다.

하지만 현대의 도시 영주시를 주목해야 하는 이유는 따로 있다. 영주시는 2007년부터 국토연구원의 부설 연구기관이었던 건축도시공간연구소(現 건축공간연구원) 의 제안을 받아 '공공건축·공공공간 통합 마스터플랜'을 만들었다. 심지어 서울보다 먼저 공공건축가 제도를 도입하기도 했다. 결론부터 말하면, 이 '통합 마스터플랜'이란 것 덕분에 영주시는 2009년부터 각종 디자인상, 건축상을 휩쓸고 있는 데다가 정부가 지원하는 온갖 디자인 시범사업을 따내는 등 거침없는 행보를 보이는 중이다.

영주시의 통합 마스터플랜을 바탕으로 만들어진 풍기읍 성내리의 풍기읍사무소 건물.
2013 대한민국 신인건축사 대상, 2013 한국농촌건축대전 대상을 수상했다.

공공건축의 정의는 분명하게 내려져 있지 않다. 보통 공공부문이 소유하고 관리하는 건축물을 뜻하곤 하는데, 요즘은 그보다 공익을 위해 만들어지는 건축물이라는 의미가 더 강조되는 추세다. 영주시가 통합 마스터플랜을 만들기로 한 2007년은 건축기본법이 제정되면서 공공건축의 중요성을 법적으로 명시한 해이기도 하다. 하지만 공공건축이 필요한 분야는 다양하고, 그에 따라 관리주체도 달라지면서 문제가 생긴다. 비슷비슷한 공공공간들이 한 도시 내에 중복돼 만들어지는 경우가 대개 이런 이유 때문이다. 그래서 도시의 어떤 공간에 무슨 콘텐츠가 필요한지 종합적으로 조사하고 계획한 '통합 마스터플랜'이 영주시 도시디자인의 괄목한 발전을 이루게 된 신의 한 수가 된 것이었다.

더군다나, 도시에 새로운 공간을 만들어내는 일은 많은 비용을 필요로 한다. 특히 영주시와 같은 지방 소도시의 입장에서 재원을 마련하는 일은 이만저만한 고민이 아니다. 때문에 중앙정부나 광역지자체에서 지원하는 각종 공모사업에 도전하게 되는데, 영주

영주시내에서 한참 떨어져 있는 문수면 조제리의 보건진료소. 마치 카페같은 외관으로 주목받고 있지만, 실제 이용하는 주민들 입장에서는 불편한 점도 소소하게 있다는 후문이다.

시는 통합 마스터플랜이 있었기 때문에 더 성공률이 높았다는 게 관계자의 설명이다. 어떤 종류의 일이든, 분명히 넓은 시야에서 바라볼 필요가 있음에도 불구하고 행정구역에 따라, 또는 업무분야에 따라, 자기 영역에만 갇혀 편협한 사고에 그치는 경우를 종종 본다. 특히 업무분업이 확실하다 못해 서로 배타적일 때도 있는 공무원 조직은 더더욱 그런 경우가 비일비재하다. 막스 베버Max Weber가 칭송했듯이 관료제가 필요한 일도 분명 있지만, '도시'라는 공간을 다룰 때에는 그런 관습에서 벗어날 필요가 있다는 것을 영주시가 잘 증명한 셈이었다.

문수면 조제리에 있는 보건진료소, 풍기읍 성내리의 풍기읍사무소, 그리고 가흥동의 한절마경로당은 영주시 통합 마스터플랜의 초기 성과로 알려진 공공건축물들이다. 조제리 보건진료소는 영주 시내에서도 상당히 떨어진 지역에 있었다. 이 보건진료소가 아니었다면 평생 갈 일이 없을 것만 같은 그런 동네였다. 이런 외진 마을에 서울에서나 볼 법

영주시 가흥동의 시립도서관. 차가 없이는 올라가기 힘든 높은 언덕 위에 있어서, 도서관을 이용해야 하는 청소년들을 배려하지 못한 아쉬움이 남는다.

한 아기자기한 외관의 건물이 보건소로 이용되고 있는 것이다. 또 다른 명물인 풍기읍 사무소는 사방으로 입구가 있는 독특한 형태의 건물이었다. 사진으로만 봤을 땐 모델하우스처럼 깨끗하게만 보였던 한절마경로당 건물은 어르신들의 흥취가 묻으면서 정겨운 동네 경로당이 돼 있었다. 이용하면서 이런저런 아쉽고 불편한 점들도 있지만, 주민들 스스로 나름의 해결책을 찾아 나가는 중이라 했다. 건축가의 디자인 감각과 실제 이용하는 주민들의 상식 사이에 있는 간극이 메워지는 중이랄까. 그런 과정도 과연 의미 있다 싶었다.

좋은 건축물에 대한 지속적인 고민

물론 영주시의 모든 공공건축물이 건축미가 뛰어나거나 혁신적인 것만은 아니었다. 새로 만들었다는 가흥동의 시립도서관이나 문화예술회관은 보통의 관공서 건물들이 으레

영주시 휴천동 '삼각지마을'에 들어선 영주시노인복지관. 주변으로는 중앙공원과 장애인종합복지관이 있다.

갖고 있는 지루한 외관으로 치장돼 있었다. 게다가 산 위에 지어져, 가장 중요한 이용객이 되어야 할 청소년들에게는 지독하게 불친절한 보행환경이었다. 획기적인 도시·건축 디자인으로 전국적인 명성을 누리고 있는 영주시이지만, 아직 기존에 가지고 있던 관습들을 완전히 버리진 못한 듯했다.

그럼에도 영주시 공공건축 프로젝트는 여전히 진화 중이다. 센세이셔널한 건축물을 만드는 데 그치지 않고 진정성 있는 도시재생을 꾀하고 있다. 내륙도시인 영주시에는 섬이 하나 있는데, 영주시를 통과하는 중앙선 철도와 영동선 철도 때문에 생긴 삼각형의 고립된 땅이 그것이다. '삼각지마을'이라고 불리는 이곳은 오랜 세월 개발제한을 받으며 열차소음에 시달려 오고 있었다. 그러던 것이, 2017년 6월 드디어 이 설움의 땅에도 새로운 바람이 불기 시작했다. 마찬가지로 통합 마스터플랜이 밑거름이 돼 2010년부터 시작하게 된 국토교통부의 국토환경 디자인 시범사업이 그 씨앗이었다. 그 결과 이 일대에 들어선 영주시 장애인종합복지관과 노인복지관, 그리고 그 사이를 연결하는 중앙공원은, 영주시의 오랜 치부와도 같았던 이 삼각지마을의 성공적인 변신을 예견하고 있었다.

좋은 건축물은 대단한 힘을 갖는다. 멋진 경관을 만들어내고 주변의 분위기도 바꾼다. 이웃에 누가 사는지도 모르던 삭막한 동네에서 왁자지껄 모임이 벌어지게 할 수도 있고, 버려지고 방치됐던 마을을 매력적인 지역명소로 탈바꿈시킬 수도 있다. 그러나 유명한 건축가가 디자인했다고 해서, 공사비를 많이 들였다고 해서 좋은 건축물이 되는 것은 아니다. 특히나 그것이 어떤 한 개인이 소유하는 건물이 아니라 불특정 다수의 주민들이 공동으로 이용하는 공공건축물이라면, 더더욱 '좋은 건축물'이라는 것의 정의는 민감한 문제다. 건축물이 들어서게 될 땅의 맥락을 섬세하게 이해하고, 기존 도시구조와의 조화도 고려해야 한다. 잠재적 이용객들의 의견도 들어야 하며, 도시가 가지고 있는 문제를 해결하는 데도 도움이 돼야 한다. 이런 복잡한 과제를 해결하는 데 유용한 도구가 되고 있는 영주시의 통합 마스터플랜은 다른 소도시들에게도 좋은 귀감이 될 수 있을 테다. 영주시 스스로도 끊임없는 자기반성을 통해 한층 더 성숙한 도시환경을 구현해낼 수 있기를 바란다.

공공건축

공공건축은 '건축서비스산업 진흥법'에서 공공기관이 건축하거나 조성하는 건축물 또는 공간 환경으로 정의되고 있다. 도시의 공간 환경 속에서 더불어 살아가는 집합적 삶의 의미를 표현하는 건축물을 의미하며, 공공건축을 통해 도시의 공공성을 선도하고 파편화된 도시의 공동체를 다시 되살리는 역할을 담당한다. 공공건축은 그 주변에 상점과 업무시설이 밀집하고 교통과 산업이 발달하는 파급효과가 있어 도시재생의 원동력이 되기도 한다. 또한 지역주민에게 다양한 문화 혜택을 제공하고 지역문화를 선도하는 기능도 있다. 영국의 디자인 의회 The Commission for Architecture and the Built Environment, CABE에서는 공공건축의 6가지 가치로서 상품적 가치Exchange Value, 조직의 성과에 기여하는 사용 가치Use Value, 지역의 명성과 비전을 발전시키는 형상 가치Image Value, 소통과 소속감을 향상시키는 사회적 가치Social Value, 지역의 건강을 향상 시키는 환경 가치Environmental Value, 문화적 가치Cultural Value를 제시한 바 있다. 그러나 우리나라는 2013년 언론에서 실시한 어느 설문조사에 따르면 최악의 건축물 5개 중 4개(서울시 신청사, 예술의 전당 오페라하우스, 세빛둥둥섬, 동대문디자인플라자)가 공공건축물일 정도로 이에 대한 부정적인 인식이 강하다. 그 원인으로는 공공건축의 가치에 대한 논의 없이 최소한의 예산으로 빠르게 짓는 것을 우선시하는 관행, 기획업무를 체계적으로 시행할 수 있는 제도와 행정력 부족, 부적절한 발주방식 등이 지정되었다. 영주시의 공공건축 사례는 이러한 한계점들을 극복하기 위한 선도적인 실험으로 평가되고 있다.

참고자료

동아일보, "전문가 100명이 뽑은 한국 현대건축물 최고와 최악", 2013. 2. 5.

차주영·조준배·박선영, 『좋은 공공건축 만들기1: 영주시의 시도를 중심으로』, 건축도시공간연구소, 2014.

황순재·이은영·이돈일, "공공건축의 공간 공유가치를 통한 주민복지 향상에 관한 연구", 『한국공간디자인학회 논문집』 13(3), 2018, pp.251~261.

영주시도 모든 공공건축물이 아름다운 것은 아니었다.
예전 관행대로 고민 없이 지어진 듯한 공공건축물들이 간혹 눈에 띄었다.

대전

노잼 도시에서 트렌드의 중심으로

대전이 관광을 위해 일부러 찾아갈만한 도시는 아니라는 것에는 이견이 별로 없을 것이다. 내가 마지막으로 대전에 다녀온 것도 단지 그냥 출장일뿐이었다. 대전 사람들이 스스로 '노잼(영어 'no'와 재미의 줄임말인 '잼'의 합성어로 재미가 없음을 뜻하는 신조어) 도시'라 말할 정도로 놀 거리가 없다는 도시. 그랬던 대전이 많이 변했다. SNS 성지가 된 소제동은 90년대 대전엑스포 이후 처음으로 대전을 일부러 찾아가는 도시로 만들고 있었다. 소제동에서 대체 무슨 일이 일어나고 있는 걸까. '노잼 탈출'을 위해서라면, 그게 무엇이든 좋은 것일까.

SNS를 점령한 노잼 도시

언제부턴가 인터넷에서는 누군가 볼펜으로 연습장에 그린 '지인이 대전에 온다, 어쩌면 좋아!'라는 제목의 알고리즘 그림이 돌아다녔다. 제목에 깨알같이 붙어 있는 '노잼의 도시'란 수식어가 이 자조 섞인 메시지를 효과적으로 요약해 준다. 심지어 대전시청에서 공식 페이스북에 이 알고리즘을 시청 버전으로 다시 만들어 게시하기도 했다. 재미없는 도시의 오명을 벗기 위해 대전의 즐길 거리에 대한 시민들의 아이디어를 모집하는 댓글 이벤트였다.

그런 '노잼의 도시' 대전이 새로운 핫플레이스로 SNS에서 주목받고 있다. 주인공은 대전의 마지막 달동네라 불리는 소제동이다. 서울에서 '익선동 프로젝트'를 성공시키며 유명해진 도시재생 스타트업 '익선다다'가 이번에는 소제동에서 판을 벌였다. 낡은 빈집들이 트렌디한 가게들로 채워지기 시작하자, 늘 새롭고 감각적인 경험을 갈구하는 SNS 세대들의 레이더망에 빠르게 포착된 것이다.

SNS 핫플레이스로 뜨고 있는 대전 소제동의 골목길. 젊은 감각의 레스토랑, 카페가 들어오고 있다.

소제동은 대전역 동편으로 작은 하천을 면하고 있는 오래된 동네다. 이곳은 신도심이나 다른 도시로 떠나지 못한 사람들의 마지막 보금자리였다. 하지만 그마저도 재개발 바람이 불면서 여건이 되는 원주민들은 떠나고 동네는 점차 슬럼화되어 가는 상황이었다. 재개발 사업이 10년 동안 지연되는 가운데, 익선다다가 새로운 도시재생 모델을 가지고 들어온 것이 지난 2016년의 일이다.

소제동에는 1920~30년대에 지어진 철도관사 건물들이 많이 남아 있다.

익선동의 옛 한옥 공간이 만들어내는 전통의 아우라가 현대적인 해석을 거쳐 참신한 콘텐츠가 됐듯이, 소제동의 역사적 배경은 이 동네가 뜨게 된 중요한 요인이었다. 일제강점기 소제동에는 철도원들을 위한 관사 건물들이 들어서 촌락을 이루었는데, 지금까지도 건물들이 원래 모습을 잘 유지한 채 남아 있어 한옥마을과는 또 다른 느낌이 있었다. 대전은 1904년 경부선 철도 부설로 빠르게 발전하게 된 도시로, 철도관사촌의 유산은 대전의 중요한 아이덴티티 중 하나임이 틀림없었다. 대전만이 가지고 있는 자원으로 도시의 '재미'를 만들어냈다는 점에서 익선다다의 시도는 긍정적이라 할만했다.

익선다다 모델이 만능은 아니다

하지만 익선다다의 사업 방식에 대해서는 여전히 많은 비판의 목소리들이 있다. 덕분에 젊은 소비층이 유입되고 동네에 새로운 활기가 생긴 것은 맞지만, 아파트 재건축을 희망하는 주민들의 의견이나 사업의 지속가능성에 대해서는 고민이 부족하다고 지적한다. 익선다다의 도시재생 모델은 전면 재개발 방식과 달리 이 지역이 가진 문화적, 역사적 가치에 주목했다는 점에서 하나의 대안이 될 수 있겠으나, 문제는 애초에 이곳이 주거지라는 점을 간과하고 있다는 것이었다.

도시재생의 핵심은 주민참여다. 공동체가 무너졌다면 다시 회복시켜야 하고, 전면 재개발하기보다 보존할 필요가 있다면 주민들도 그것에 동의하고 동참할 수 있어야 한다. 주거지를 상업지역이나 관광지로 만드는 방식에는 주민이 없다. 익선다다 모델이 죽어가는 마을을 잘 나가는 상가로 탈바꿈 시켜 이익을 남기는 것을 목표로 하는 게 아니라면, 지역주민과 소통하는 것에 힘쓰는 노력이 더 필요해 보였다. 옛 건물의 원형을 잘 활용하고 지역의 식자재를 사용한다고 하지만, 주민들이 그것의 가치를 모른다면 단지 소비자의 지갑을 열기 위한 자본의 전략으로 보일 뿐이었다.

**도시재생 스타트업 '익선다다'의 소제동 진출 이후 오픈한 한 음식점.
매장 수는 지속적으로 늘려갈 계획이라고 한다.**

소제동과 대전역을 사이에 두고 반대쪽에 위치한 정동마을은 또 다른 도시재생의 치열한 현장이다. 이곳에서는 사단법인 대전공공미술연구원에서 2017년부터 '무궁화 꽃이 피었습니다'라는 이름의 마을미술 프로젝트를 진행하고 있다. 불법 성매매를 비롯한 범죄의 온상이있던 거리는 3년의 시간을 들인 끝에 청소년 통행금지구역에서 해제되고 범죄율이 크게 감소하는 성과를 보았다고 한다. 처음에는 흰 눈으로 보던 주민들의 마음도 이제는 조금 열린 것 같다는 것이 이곳 활동가들의 소감이다.
물론 정동마을에는 전국의 관광객을 불러모을 만한 이슈는 없다. 그에 비해 익선다다의 도시재생 모델은 빠르게 눈에 보이는 성과가 나타난다. 대전시가 정동마을에 익선다다 모델을 적용할지 검토 중이라는 소식도 들린다. 아마도 익선동과 소제동의 성공을 연이어 목격한 전국의 많은 지자체들이 비슷한 고민을 하게 될 것이다. 문제는 익선다다 모델이 얼마나 효과적인가가 아니라, 그런 방식에 주민들도 동의하는가이다. '노잼의 도시'에서 탈피하는 것에 급급하기보다, 시민들이 원하는 도시로 만드는 것에 더 집중하는 대전시가 됐으면 하는 바람이다.

젠트리피케이션

'둥지 내몰림'이라고도 하며, 일반적으로 임대료 상승으로 인해 본래 그 지역에 거주하고 있었던 임차인이 떠나고 상승한 임대료를 감당할 수 있는 계급이 그 자리를 대신하는 현상을 뜻한다. '젠트리gentry'는 본래 중세 영국의 지주를 지칭하는 단어였다가 자본과 영향력이 있는 유력 계층을 의미하는 것으로 변화했는데, 이 젠트리 계층이 낙후지역에 유입되면서 부동산 가치가 상승하고 그에 따라 원래 거주하던 주민들이 밀려나게 된 것을 젠트리피케이션gentrification이라 부르게 되었다. 이 용어는 영국의 사회학자 루스 글래스Ruth Glass가 1964년 런던의 주거지역 개발로 거주민의 성격이 바뀌는 현상을 설명하기 위해 처음 사용하였다. 도시지리학자 톰 슬레이터Tom Slater는 젠트리피케이션을 노동자계급의 공간 또는 도시의 빈 공간이 중산층의 주거 및 상업공간으로 전환되는 것이라고 정의하기도 했다. 우리나라에서는 부정적인 의미로 이해되는 경향이 있는데, 젠트리피케이션은 낙후지역이 활성화된다는 긍정적인 면도 함께 포함하는 개념이다. 현대의 젠트리피케이션 현상은 국가 주도의 도시재생 사업이라는 명목하에 대규모 개발사업으로 진행되면서 경제적, 물리적, 문화적 변화를 일으키며 쇠퇴한 지역들을 영향력 있는 중산층의 공간으로 전환하고 있고, 과거에 비해 도시 계층을 더 광범위하게 재구성하고 있다고 평가된다.

참고자료

임은정, "젠트리피케이션 과정과 현상에 대한 연구", 『한국사진지리학회지』 29(4), 2019, pp.93~102.

P. Watt, "Gentrification and Displacement", *The Encyclopedia of Global Human Migration*, New Jersey: Wiley-Blackwell, 2013.

서울의 서촌에서는 주거용 한옥을 카페, 음식점, 게스트하우스 등의 상업용 건물로 용도변경하는 사례가 증가하고 있는데, 이러한 시설들이 많아지면서 공시지가가 상승하였고 기존에 거주하던 주민들이 빠져나가는 젠트리피케이션이 일어나고 있다.

Author's Diary

"글 좀 써주실 수 있을까요?"

'문화로 도시 읽기'는 금전적인 대가를 전혀 받지 않고 쓴, 순수한 나의 기고 글이다. 유명한 언론매체에서 내 이름을 단 글을 인터넷에 올려준다는 것만으로도 나에겐 충분한 보상이었다. 담당 기자가 나에게 왜 이렇게 열심히 쓰냐고(돈도 안 주는데) 물어볼 정도였다.

그런데 어느 정도 회차가 쌓이고 나니 뜻밖의 일들이 벌어졌다. 외부에서 원고 청탁이 들어온 것이다. 특별한 연고도 없었다. 도시 분야의 칼럼을 써줄 작가를 구하던 에디터가 오로지 내가 쓴 글들을 보고 제안을 해왔다. 주제는 친환경 도시. 아주 잘 아는 분야는 아니었지만 환경대학원을 다니면서 여기저기서 주워들은 게 많아 글 쓰는 데 문제는 없었다. 그렇게 처음으로 돈을 받고 글을 썼다. 물론 일회성이었지만 첫 번째 글은 두 번째 의뢰로도 이어졌고, 지금까지 수 편의 외부 원고를 완성했다. 주제는 다양했지만 관통하는 키워드는 바로 '도시'였다. 처음 칼럼을 쓰기 시작할 때 내 이름 뒤에 붙은 '도시문화 칼럼니스트'라는 말이 어색했는데, 진짜 칼럼니스트가 되어가고 있는 것 같아서 설렜다. 새로운 경험이었다.

조금 다른 경우지만 어느 지역의 문화재단에서 연락이 오기도 했다. 그 도시에 대한 칼럼을 쓰고 난 직후였다. 구체적인 의뢰사항이 있어서라기보다 내가 어떤 사람인지 궁금해했던 것 같다. 그리고 그 인연은 지금까지도 이어져, 최근에는 연구보고서를 한 편 쓸 기회도 얻게 됐다. 담당자는 젊은 연구자들을 많이 섭외하고 싶은데 어디서 어떻게 알아봐야 할지 모르겠다는 이야기를 했다. 매년 수많은 석박사가 쏟아져 나오지만 정작 수요와 공급의 매칭은 잘 되지 않는 걸까. 결국 스스로 나 자신을 열심히 팔고 다닐 수밖에 없는 거다. 엄청난 실적이 있지 않고서야 석박사 학위를 땄다고 알아서 찾아와 모셔가는 시대는 아니니까 말이다. '문화로 도시 읽기'는 나름 괜찮은 마케팅 전략이었다고 생각한다.

광주
부산
순천
통영
목포
제주

05

풍부한 역사자원, 그 이상을 향해가는 남부지역

광주 민주화와 문화, 두 가지 키워드를 모두 갖고 싶은
순천 한국 1호 국가정원, 생태와 개발을 품다
부산 일본 문화 잔재와 피난기 서민문화의 재발견
제주 4.3 사건 70주년, 아직 아물지 않은 상처를 치유하는 법
통영 49년만의 귀향, 윤이상 반기는 푸른 물결
목포 문화재 가득한 구도심, 관광 붐 식지 않으려면

민주화와 문화, 두 가지 키워드를 모두 갖고 싶은

내가 알던 광주는 '5.18 민주화운동의 도시'였다. 그러나 환경조경학을 공부하며 접하는 광주는 '문화예술의 도시'이기도 했다. 그렇지만 광주를 설명하는 두 개의 키워드들은 서로 전혀 상관없는 것들이 아니었다. 문화예술은 민주화의 정신을 이어나가는 획기적인 방법이 될 수 있고, 민주화운동의 역사는 광주 문화예술의 단단한 기반이 되고 있었다. 도시의 복잡한 역사와 의미들은 어떻게 새로운 시도들과 맞물려 긍정적인 변화를 이끌어낼 수 있을까. 그 힌트를 엿볼 수 있었던 도시, 광주의 이야기다.

민주화 성지에서 문화중심도시로

박근혜 전 대통령의 퇴진을 요구하는 시민들의 촛불집회가 연일 이어지던 2016년 11월, 민주화운동의 성지 중 하나인 광주를 찾았다. 광주비엔날레가 한창이었던 용봉동의 비엔날레관 주변은 관람객들로 떠들썩했다. 그 외에도 무각사, 의재미술관 등 광주시 곳곳에서 특별전이 열리며 도시는 예술축제의 흥취가 한껏 고조된 분위기였다.

하지만 여전히 누군가에게는 광주가 문화예술의 도시라기보다 5.18 민주화운동이 벌어졌던 도시로 더 강하게 기억되고 있을 것이다. 나 역시 전시회의 풍경보다 시내 곳곳에서 보이는 도로표지판이나 버스정류장에서 5.18민주광장, 4.19로 같은 지명을 발견하며 광주에 왔음을 실감하고 있었다. 세월이 흘러 더 이상 과격한 시위는 공감대를 얻지 못하고 '운동'이란 그저 소수의 열정적인 사람들의 몫이라는 인식 때문일까, 이제 광주 시민들의 희생과 열의는 역사적으로 의미 있었던 하나의 사건으로서 박제되는 듯했다.

광주 5.18기념공원의 '5.18 현황조각 및 추모승화공간'.
공원은 1998년에 조성됐고, 5.18 민주화운동의 정신을 기리는 조각상과 추모공간은 이듬해 12월 완성됐다.

2015년 11월 5.18 민주화운동의 상징적 장소인 구舊 전남도청 일대에 들어선 국립아시아문화전당은 광주의 이러한 변화를 상징적으로 보여주는 장소다. '문화도시', '창조도시'를 만드는 것이 유행처럼 전 세계를 강타했을 때, 대한민국 광주 역시 '아시아문화중심도시'가 되겠다고 선언했다. 광주가 문화도시를 새로운 도시발전 전략으로 내세우기 시작한 것은 2002년 당시 대통령 후보였던 고故 노무현 전 대통령이 이를 선거공약으로 내걸면서부터였다. 이후 본격적으로 아시아문화중심도시 조성계획을 수립했고, 아시아문화전당은 가장 중요한 사업이자 광주의 새로운 문화적 거점이 될 장소로서 추진된 것이었다.

아시아문화전당을 설계한 우규승 건축가는 구 전남도청과 5.18민주광장 등 역사적 장소들의 아우라를 살리기 위해 전당 시설의 대부분을 기존 지표면보다 낮게 배치했다. 그 결과 실제로 완공된 아시아문화전당은 광주 도심의 주변 경관 속에 완전히 녹아있는 모습이었다. 지상층은 녹지공간이 부족한 도심의 문제를 해결하고 시민들에게 열린 장소

아시아문화전당 내 시민공원으로 조성된 '하늘마당'. 주변 도심과 자연스럽게 연결되는 동선 구조가 인상적이다.

를 제공하기 위해 공원과 광장 등 오픈스페이스로 조성됐다. 특히 잔디가 깔린 시민공원은 지면에서부터 약간의 경사를 이루며 이어져 있었다. 도심을 산책하다 이곳에 자연스럽게 들러 쉬었다 갈 수 있는 형태였다. 기존 도시 구조와의 조화를 고민한 흔적이 엿보였다. 주변 경관을 압도하는 화려하고 과시적인 건물을 짓는 대신 조화로운 건물의 양식을 도입한 설계자와, 이를 받아들인 광주시민들의 성숙한 안목이 일궈낸 결과였다.

처음 국제건축설계경기에서 이 설계안이 당선됐을 때, 일각에서는 스페인의 항구도시 빌바오 지역의 '구겐하임 빌바오 미술관' 같이 가시적인 효과가 드러나는 건축물로 변경할 것을 요구하기도 했다. 공모전 주최측이 건물의 지하화를 사전에 모의했다는 유언비어도 퍼졌다. 광주시민들은 전남도청과 5.18민주광장이 상징하는 5.18 민주화운동 자체가 광주의 랜드마크라는 주장으로 이에 대응했다. 이로써 광주라는 도시가 문화도시로서 도약하기 위해 발판으로 삼고 있는 문화적 가치가 무엇인지 확실하게 보여준 셈이었다.

1차 광주폴리 프로젝트로 조성된 폴리 중 하나인 '유동성 조절'. 스페인 작가 알레한드로 자에라 폴로의 작품이다.

숨은 도시의 잠재력을 끌어올리는 폴리

광주비엔날레 특별프로젝트 '광주 폴리'는 아시아문화전당과 함께 광주 구도심 지역의 문화적 자극제가 되고 있는 디자인프로젝트다. '폴리'란 원래 18세기 영국과 프랑스에서 특별한 기능이 없는 정원 장식물을 지칭하는 것이었는데, 현대의 조경 및 건축 분야에서는 장소에 새로운 의미를 부여하기 위한 매개체로 활용되고 있다. 폴리는 공공시설물일 수도 있고 예술작품일 수도 있다. 폴리를 어떻게 이용할지는 온전히 사람들의 몫이다. 광주폴리는 2010년 말부터 2017년까지 총 3차례의 프로젝트를 거쳐 조성됐다. 건축가나 예술가들이 만드는 소형 건축물로 쇠락해가는 구도심에 활력을 불어넣기 위한 도심

광주폴리 프로젝트는 2017년까지 3차례에 걸려 진행됐다.
3차 폴리 작품 중 하나인 문훈+리얼리티즈 유나이티드의 <자율건축>에서 내려다 본 국립아시아문화전당의 전경.

재생사업으로 시작된 것이었다. 하지만 처음 광주폴리가 완성되었을 때 사람들의 반응이 긍정적이지만은 않았다. 특별한 의미가 없고 때때로 장소적 맥락과 상관없이 만들어지는 '엉뚱한' 조형물이라는 비판이 쏟아졌다. 실제로 폴리 중 어떤 작품은 폴리라고 미처 인지하지 못한 채 지나칠 수 있을 정도로 눈에 띄지 않았고, 또 어떤 작품은 장소와 전혀 상관없는 조형물 같기도 했다.

하지만 도시 내에 만들어지는 모든 건축물, 조형물이 반드시 주변 환경과 조화를 이루는 의미 있는 것이어야 할까? 아시아문화전당이 전남도청 일대의 역사성과 장소성에 가장 적합한 형태로 구현된 것이라면, 광주폴리는 구도심의 숨겨진 매력을 이끌어내고 새로운 장소로 전환시키기 위한 일종의 '일탈'이다. 현대 대도시는 다양한 이해관계가 복잡하게 얽혀, 빠르게 변화한다. 그렇다고 새로운 상태로의 진화는 결코 쉽지 않은 게 사실이다. 때로는 엉뚱하고 삐딱하게, 관습에서 벗어난 일탈을 해보는 것은 종종 도시의 잠재력을 이끌어내는 원동력이 된다.

광주 구도심은 80년대 민주화운동이 벌어졌던 현장으로서 기념되어야 하는 당위성이 있고, 전라남도 도청 이전 이후의 구도심 쇠퇴문제를 극복해야 하는 과제에도 직면해 있다. 뿐만 아니라 광주비엔날레가 시민들의 일상생활과 동떨어져 있다는 비판에도 대비해야 한다. 이렇게 복잡한 과업을 달성하는 과정에서 모든 기억과 장소의 맥락을 다 반영하는 것이 바람직한지, 혹은 그것이 실제로 가능한 일인지 생각해본다면, 시민들의 자유로운 상상에 맡기는 폴리는 하나의 해결책이 될 수 있을 것이다.

광주는 5.18 민주화운동의 현장으로 기억되는 동시에 문화도시라는 새로운 정체성도 만들어가야 하는 숙제를 안고 있는 도시다. 그리고 아시아문화전당과 광주폴리는 그 숙제를 해결하기 위한 중요한 문화자산이다. 아시아문화전당에는 광주시민들의 염원과 자긍심이 담겨 있으며, 광주폴리를 통해 시민들은 나름의 방식으로 5월의 광주를 기억하고, 문화예술을 즐기고, 구도심의 새로운 매력을 찾아낼 수 있다. 이를 둘러싼 내외부의 갈등과 정치적 논란, 일부 논객들의 섣부른 판단으로 인해 광주의 문화적 잠재력들이 퇴색되는 일은 없었으면 한다.

폴리

폴리folly는 18세기 영국과 프랑스에서 정원 장식물로 등장했지만, 현대 조경과 건축에서는 장소에 새로운 의미를 부여하기 위해 활용하는 매개체로 진화해 오고 있다. 폴리의 개념과 형식은 시대적 배경에 따라, 설계자의 해석에 따라 다양하게 변주되어 왔으나, 폴리가 어떤 환경 속에 놓이면서 "이곳에서 우리의 적절한 장소는 어떻게 찾을 수 있는가?", "우리의 역할은 무엇이고, 우리는 어디에 소속되어 있는가?"와 같은, 자연과 인간의 관계에 대한 질문을 던진다는 일관성은 유지하고 있다. 19세기까지의 폴리도 단순한 정원 장식물이 아니라 규율적, 형식적 사회에서 부정적이거나 금기시하는 이슈를 드러내는 실체였고, 신화나 성경 등 세세한 지식이 있어야 정원 폴리의 복잡한 알레고리를 이해할 수 있었다. 20세기 라빌레뜨 공원의 폴리를 포함한 현대의 폴리는 다원화된 사회에서 관람자에게는 앞서나간 아이디어로 새로운 차원의 즐거움을 주고, 건축가에게는 타 장르와의 새로운 조합의 혼성화에 도전할 수 있는 장이 되고 있다. 이러한 변화는 주로 베르나르 츄미Bernard Tschumi, 피터 아이젠만Peter D. Eisenman, 자하 하디드Zaha Hadid 등 해체주의적 성향의 건축가들이 주도했다. 현대의 폴리들은 이전의 정원 폴리보다 전망대, 피난처, 도서관 등 머무를 수 있는 형태로 나타나며, 인간과 자연의 관계에 대한 질문을 확대해 "현대 디자인이 주어진 상황에 대해 전환의 효과를 가질 수 있는가?"를 묻는다. 작은 디자인적 시도를 통해서 도시를 더 유쾌하게 만들 방법에 대해 고민하였고, 이후에는 자연환경 속에 있는 경험의 접근성을 높이기 위해서 그 방식을 전환하는 프로젝트를 시도하였다. 이로써 정원 내 장식물로서 존재하던 폴리는 대자연의 경관 속으로, 혹은 도심 속으로 침투하여 다양한 형태와 기능을 가지게 됐다. 자연 속 인간의 위치에 대한 질문을 던졌던 전통적 폴리에서 인간을 적극적으로 받아들이고 주변 환경에 대해 명상할 수 있게 하는 현대적인 폴리로 진화한 것이다.

참고자료

김란수, "근대 이전 정원 폴리와 라빌레뜨 공원 폴리의 특성 비교", 『대한건축학회 논문집』 32(5), 2016, pp.107~116.

K. Moskow & R. Linn, *Contemporary Follies*, New York: The Monacelli Press, 2012.

프랑스 파리 라빌레뜨 공원의 폴리. 공원을 설계한 베르나르 츄미는 공원에 필요한 시설을 하나의 거대한 새 건물로 만드는 대신, 여러 개의 작은 폴리 형태로 쪼개어 분산시킴으로써 기존의 대형건물들과 중첩된 새로운 차원의 옥외 공간 체계를 제시했다고 평가된다.

순천

한국 1호 국가정원, 생태와 개발을 품다

순천시를 처음 방문했던 것은 2009년 가을이었다. 그때 가장 인상 깊었던 기억은 뭐니 뭐니 해도 용산전망대에서 바라본 해 질 녘 순천만의 풍경이었다. 어두운 산길을 반딧불이와 함께 가면서 환호성을 질러댔던 일이 아직도 선명하다. 순천만은 여전히 아름다울까. 날이 갈수록 환경파괴 문제가 심각한데, 용산전망대의 반딧불이는 과연 그곳에 계속 남아 있을까. 순천만 국가정원은 관광 활성화의 역할도 있지만 생태 수호의 사명도 있다. 우리에게 국가정원이 필요한 이유를 순천에서 찾아보았다.

한국 정원문화의 첫 번째 거점

순천은 한국에서 처음으로 국제 정원박람회를 개최한, 최초의 국가정원을 가진 도시다. 2013년 순천만에서 열린 정원박람회가 끝난 후, 이 장소를 어떻게 활용할 것인가를 두고 많은 논의가 있었다. 그 자체로서도 성공적인 이벤트로 평가받는 순천만정원박람회의 부지를 지속적으로 활용하기 위해 수많은 고민을 한 결과물이 바로 '국가정원'이었다. '국가정원'이라 불리는 사례로는 그리스와 이집트에서 왕실 소유의 정원이었던 곳을 국민에게 돌려준 경우가 있었다. 영국에는 왕실에 소속되어 있지만 유료로 개방되는 정원이 있기도 하다. 또 식물원Botanic Garden을 국가정원의 유형으로 보는 시각도 있다. 그러나 순천만국가정원은 이런 의미와는 조금 다르다.

순천만국가정원의 수목원 전망지에서 바라본 순천시 전경.

'정원'은 그 자체로서 완성된 세계를 이루는 하나의 작품이다. 아무리 작아도 가꾼 사람의 취향과 가치관이 반영돼있다는 점이 매력이다. 음악이나 조각 작품 등 다른 콘텐츠들을 품으며 다양하게 연출할 수도 있다. 도시 공간 속에 녹아들어 칙칙한 환경을 화사하게 바꾸고, 방문객들에게 아기자기한 볼거리가 되기도 한다. 정원문화가 발달한 영국 사람들은 정기적으로 자신의 정원을 개방하는데, 누구든지 와서 정원을 구경하고 마을주민들과 이야기를 나눈다. 주인이 준비한 다과를 먹으면서 정원을 가꾸는 노하우를 서로 알려주고 씨앗을 나눠 갖는 모습도 볼 수 있다. 정원은 삭막한 도시 생활 속에서 자연과 사람을 만나는 커뮤니티 공간인 것이다.

하지만 아파트라는 주거 양식이 보편적이다 못해 지배적인 우리나라에서 정원을 가꾼다는 것은 사치에 가깝다. 순천만정원박람회는 그런 인식을 바꾸고 국내에 정원문화를 소개하기 위한 장으로 기획된 것이었다. 그리고 국가정원은 정원박람회가 쏘아 올린 신호탄을 이어받아, 일상 속으로 정원문화를 확산시키기 위해 만들어진 상징적인 거점이다.

물론 성숙한 정원문화가 안착되기까지는 갈 길이 멀다. 순천만국가정원은 아직 '관광지'라는 인상이 강하고 일부 미니어처 테마파크 같은 정원들도 많다. 넓은 면적 탓에 셔틀버스를 탄 채로 구경하는 사람들이 많은 것도 아쉬운 점이었다. 정원은 천천히 머무르면서 즐길 때 그 묘미가 더 잘 느껴지기 때문이다. 하지만 정원문화에 생소한 사람들에게는 이로서도 충분한 자극이 될 수 있을 것이었다.

생태수도 실천의 상징

순천만국가정원의 또 다른 의미는 '생태수도'라는, 순천시가 추구하는 가치를 집약적으로 담고 있는 공간이라는 것이다. 도시는 성장해야 하고, 세계적으로 중요한 생태습지인 순천만은 보존할 필요가 있었다. 이 상충하는 목표 사이에서 순천만국가정원은 확장하려는 도시의 에너지를 '생태관광'으로 전환시키는 역할을 한다.

생태관광은 갯벌에서 조개를 잡거나 식물 이름을 공부하는 것이 다가 아니다. 생태환경의 보존이 개발보다 더 큰 이윤과 만족을 창출해, 지역 주민들이 스스로 자연과의 공존을 추구하도록 하는 것이 생태관광의 궁극적인 목적이다. 지금까지 한국에서 관광객에게 충분한 볼거리, 즐길 거리를 주는 동시에 자연환경의 보존까지 성공적으로 해낸 경우는 좀처럼 찾기 힘들었다. 순천만국가정원이 그 어려운 임무를 최초로 달성하는 사례가 될 수 있을지, 귀추가 주목되는 이유다.

순천만국가정원 내에 전시돼 있는 2016 첼시플라워쇼 수상작인
이시하라 가즈유키(Ishihara Kazuyuki)의 '센리-센테이 가든'.

씨드뱅크를 주제로 만든 '하나은행 정원'. 순천만국가정원 내에 있다.

국가정원에서 사람의 손에 의해 다양하게 각색된 자연을 경험했다면, 이제는 대자연의 경이로움을 느끼러 갈 차례다. 순천만의 감동을 온전히 느끼려면 노을이 지는 시간에 맞춰 순천만 동사면에 위치한 용산전망대를 오르는 것이 정석이다. 쉴 새 없이 돌아가는 도시의 삶 가운데, 멀지 않은 곳에 넋을 잃고 바라볼 수 있는 천연의 풍경이 있다는 것은 축복받은 일이었다. 일몰 후 어두워진 산길도 반딧불이 덕분에 외롭지 않았다.
동물서식지 보호나 생물다양성 보전 같은 이야기들은 실감하기 어려울 수 있다. 하지만 7년 만에 다시 찾은 순천에서 이전에 받았던 감동을 고스란히 느끼며, '여전히 그대로 있어 줘서 고맙다'는 마음이 절로 들었다. 순천만을 지켜야 하는 이유는 그것으로 충분하지 않을까?

국가정원은 이제 겨우 걸음마를 뗐다. '국가'라는 단어에 매몰되지 않는, 신중하고 창의적인 아이디어들이 앞으로도 계속 필요할 것이다. 한국만의, 혹은 순천시만의 독특한 정원문화를 이곳에서 마음껏 배우고, 도시를 활기차게 만드는 동력으로 활용할 수 있기를 바란다. 그 덕분에 순천만은 자연 그대로의 모습으로 보존될 수 있는 안전장치가 생기는 셈이다. '생태도시'라는 이름이 무색하지 않을 순천시를 기대해본다.

용산전망대에서 바라본 순천만의 일몰. 순천만을 지켜야 하는 이유는 이것으로 충분하지 않을까. ⓒ순천시청

생태관광

국제생태관광협회The International Ecotourism Society, TIES에서는 생태관광을 '이해와 교육을 기반으로 하여, 환경을 보존하고 지역 주민의 행복이 유지되는 책임감 있는 여행'으로 정의하고 있다. 기존의 대량관광mass tourism이 갖는 문제점을 극복하기 위한 대안 관광의 한 유형으로서, 1965년부터 "ecological tourism"이라는 용어가 등장하기 시작하였고 "ecotourism"은 1983년 멕시코의 홍학 번식지인 유카탄 반도의 북부 습지를 보호하기 위한 환경운동에서 처음 사용되었다. 생태관광이라는 개념을 최초로 사용하기 시작한 중남미 지역은 커뮤니티 기반의 자연자원 관리, 즉 커뮤니티 보호구역을 제시하여 마을공동체에게 이윤을 제공함으로써 결과적으로 야생동물 보호를 달성하고자 하였다. TIES에서는 생태관광의 원칙을 다음과 같이 제시하고 있다. 물리적, 사회적, 심리적 영향을 최소화해야 한다. 환경적, 문화적 인식과 존중을 기반으로 이루어져야 하며, 방문객과 호스트 모두에게 긍정적인 경험이 되어야 한다. 금전적인 이윤은 보존행위에 직접적으로 사용되어야 하고, 지역주민과 민간산업 모두에게 혜택이 돌아가야 한다. 방문객에게 호스트 국가의 정치적, 환경적, 사회적 분위기를 환기시킬 수 있는 경험이 제공되어야 하며, 환경 훼손이 적은 시설들을 지향해야 한다. 마지막으로 호스트 커뮤니티의 원주민 권리와 정신적 신념을 이해하고 그들과 함께 파트너십을 형성해야 한다.

참고자료

김지나, "사회생태적 회복탄력성의 관점을 통해 본 DMZ 접경지역의 커뮤니티 기반 관광", 『국토연구』 98, 2018, pp.113~133.

김희순, "커뮤니티 기반 생태관광의 연구", 『이베로 아메리칸 연구』 22(1), 2011, pp.93~121.

The International Ecotourism Society(ecotourism.org)

순천만 습지는 흑두루미를 포함해 다양한 염생식물과 해양동물의 서식지로서 생태적인 가치가 높다. 순천만국가정원은 순천만 습지를 보존하는 생태관광의 거점으로 그 역할이 막중하다. ⓒ순천시청

부산

일본 문화 잔재와 피난기 서민문화의 재발견

부산은 나의 고향이다. 어릴 때는 잘 몰랐는데, 타향에서 살다 보니 부산의 독특한 점들이 하나둘씩 눈에 띄었다. 산 중턱까지 빼곡히 매워진 주택가도, 냉면보다 익숙한 밀면도, 별 생각 없이 이용했던 온천과 해수욕장도, 모두 격동의 근현대사를 거치며 탄생한 부산만의 문화자원이었다. 최근 이런 것들이 점점 주목을 받기 시작하고 있다. 나 역시 서슴지 않고 부산의 매력으로 꼽는다. 내가 고향을 떠난 지 너무 오래돼서일까, 아니면 그동안 방치돼 있었던 부산의 근현대사가 재발견되고 있는 것일까. 아마도 후자이길 바란다.

일제강점기의 문화, 이제는 부산시민들의 문화로

부산은 우리나라 근현대 역사의 파노라마를 보는 것 같은 도시다. 일제강점기, 해방기, 그리고 한국전쟁기를 거치면서 끊임없이 새로운 이주민들과 그들의 문화를 받아들였다. 그리고 그 흔적들이 고스란히 남아 있다는 사실이 부산의 매력이자, 이 도시가 품고 있는 아픔이다.

강화도조약 이전부터 일본인들이 오가며 조선과 무역을 했던 '초량항'은 근대 개항 이후에도 그 명맥을 이어가 지금은 '부산항'이 되었다. 북항 재개발 공사가 한창인 이곳은 일제강점기부터 부지런히 여객과 화물을 실어 나르며 국제교류의 관문 역할을 톡톡히 해왔던 한국 최초의 무역항이다. 그 주변으로는 일본인들이 업무를 보거나 마을을 이루며 살았던 '왜관'이 있었다. 서울, 칠곡, 울산, 진해 등에 있었던 왜관들은 임진왜란을 거치며 모두 사라졌지만, 부산의 왜관은 일본인 전용 생활공간인 '일본전관거류지'로 발전했다. 2017년 '부산 소녀상'이 설치돼 떠들썩해진 일본영사관이 바로 이곳에 있다.

부산항 근처 수정동에 남아 있는 일본식 가옥.

일본인들은 온천과 해수욕장을 개발하며 부산에서 향락을 즐겼다. 이전부터 온천으로 유명했던 동래지역은 일본 자본가들에 의해 본격적으로 관광지로 개발됐다. 어린 시절, 가족들과 함께 동래구 온천동의 한 온천시설을 찾았던 기억이 아직도 선명하다. 그 어마어마한 규모와 화려한 내부시설에 그저 신이 났었다. 1991년 처음 생긴 이곳은 아직도 '동양 최대 규모'라고 홍보되고 있다. 사실 여부를 확인할 길은 없지만, 이제 동래온천은 일본인들의 전유물이 아닌 부산시민의 여가공간이자 중요한 관광자원이 되었음에 틀림없는 듯했다.

1934년 개관한 부산극장의 현재 모습. 영화관 브랜드 대신 '부산극장'이라는 이름을 고수한 것이 눈에 띈다.

원래 동래구는 조선 후기까지 '동래도호부'로 불렸다. 부산의 전통적 중심지라고 할 수 있는 지역이다. 하지만 부산이 고향인 나에게도 '동래'라고 하면 일본인들이 만들어 놓은 온천 관광지의 이미지가 먼저 떠오르는 것이 씁쓸했다. 일제강점기 조선시대의 읍성들은 모두 강제적으로 철거되는 수모를 당했었다. 우리의 역사적 전통을 지우고, 일본인들의 편의에 따라 도시를 재편하기 위한 목적이었다. '동래읍성' 역시 그러한 비극을 피해 가지 못했다. 동래읍성의 원형을 보수, 복원하려는 작업이 현재까지도 계속 이어지는 중이다. 이것은 우리나라의 많은 역사적 현장을 가지고 있는 부산에서, 유독 주목받지 못하는 중요한 역사적 단면을 다시 마주하기 위한 노력이라는 의미가 있는 것이었다.
일제강점기에는 부산시 중구에 총 7개의 극장이 밀집해 있었다고 한다. 그중 1934년에 개관한 부산극장은 중구 남포동 비프(부산국제영화제, BIFF)광장의 터줏대감이다. 한 메이저 영화관에 인수된 지금, 건물 외관은 많이 변했을지언정 그 이름은 여전히 '부산극장'이라고 간판이 달려 있다. 1990년대까지만 해도 여러 개의 영화관을 거느리며 부산의 '영화 1번지'로 불렸던 비프광장의 위세는 이제 많이 꺾인 분위기다. 그럼에도 불구하고, 평일 낮의 남포동 상점가 일대엔 여전히 활기가 넘쳤다. 다른 도시들과 마찬가지로 신시가지에 밀려 옛 명성을 잃어가는 구도심이었지만, 이 일대만이 가지고 있는 독특한 역사적 아우라는 여전히 사람들의 이목을 사로잡는 모양이었다.

부산 명물들이 대거 탄생한 근대

해방기를 맞이한 부산은 해외에서 귀국하는 동포들로 넘쳐났다. 한국전쟁 발발 후에는 전국에서 피난민들이 몰려들며 도시는 인구과밀 상태가 됐다. 기반시설은 부족한데 사람들이 끊임없이 이주해오니, 그야말로 혼돈의 도가니였을 것이다.
하지만 '부산'하면 떠오르는 지역 명물들은 대부분 이 시기에 탄생하였다고 해도 과언이 아니다. 부산의 대표 음식인 '부산밀면'과 '돼지국밥'은 피난민들이 만들어 먹기 시작한 것으로 알려져 있다. 중구 남포동 일대의 유명한 '국제시장', '부평깡통시장', '보수동 책방골목' 역시 해방 이후부터 상권이 형성됐다. 먹고 살기 힘든 피난민들이 무엇이든 가져와

부평깡통시장은 해방 이후 피난민들이 생계를 위해 미군부대에서 나오는 통조림 제품들을 팔기 시작하면서 깡통시장이란 이름으로 불리게 됐다.

파는 '도떼기시장'으로 시작된 역사다. 서러운 타향살이 속에서도 치열하게 삶을 이어나갔던 사람들의 애환이 서린 이곳은 현대에 와 만물상의 거리로 변신했다. 전통시장이 위기라는 요즘이지만, 부평깡통시장은 국내 최초로 상설야시장을 개장하고 다양한 먹거리와 볼거리를 선보이면서 사람들의 발길을 사로잡고 있었다.

가난한 조선인들이 마을을 형성하며 살던 지역은 해방 후 고국으로 돌아온 동포들과 한국전쟁 피난민들의 소중한 보금자리가 됐다. 그 결과물이 바로 '감천문화마을'로 대표되는, 부산의 산세를 따라 빼곡히 들어선 집들의 풍경이다. 택시를 잡아타고 감천문화마을로 가자고 하니, 기사님이 거기 뭐 볼 게 있어서 그리들 가냐고 하신다. 부산에서 유명세를 떨치고 있는 많은 것들이 왜 정작 부산사람들에게는 별로 사랑받지 못하는 것일까. 이런 질문에, "지금 부산의 명물이라고 하는 것들이 먹고 살기 힘들었던 시절, 살기 위해 만들어 먹고 만들어 세운 것들이라…. 사실 부산사람 입장에선 그렇게 자랑스럽거나 대단하거나 이렇게 생각하는 건 아닌 것 같다"라는 어느 어르신의 대답에 괜스레 마음이 먹먹해졌다.

부산은 피란수도의 역사와 관련된 장소들을 유네스코 세계유산으로 등재하겠다는 포부를 밝혔다. 우리나라에서 근대유산으로는 첫 번째 시도다. 북항 재개발 때는 최초의 개항장인 1부두를 끝내 보존하겠다는 의지를 실천했다. 파란만장한 역사의 현장을 도시의 문화자원으로 만들어 내기 위해 부단히도 노력 중인 부산이 또 어떤 새로운 얼굴을 보여줄지, 걱정보다는 기대와 응원을 보내본다.

산이 많은 부산은 가파른 산 경사를 따라 한국전쟁 시기부터 형성된 주택가가 많다.
비단 감천문화마을만 그런 것이 아니다.

피란수도 부산

부산은 1950년 8월 18일 피란수도로 결정됐다. 바다를 접하고 있는 부산의 지정학적 위치를 통해 정부 기능을 유지하고 피난민들을 보호할 수 있을 것으로 기대되었고, 항구도시로서 여러 국제기관과의 긴밀한 협력이 가능할 것으로 보았다. 한국전쟁 발발 이후 피난민들이 이주해오면서 부산 인구는 1947년 47만 명에서 1951년 62만 9천명, 1952년 88만 9천명, 1956년 약 100만 명으로 급증하여 도시는 인구과밀의 상태가 되고 기반시설은 취약한 환경에 처하게 되었다. 이에 부산시와 정부에서는 극장, 공장 등 대규모 건축물을 대상으로 피난민수용소를 지정하여 피난민들을 이주시켰으며, 수용소에 들어가지 못한 피난민들은 주로 국제시장 주변과 부두 주변 등의 경사지를 따라 고지대에 판자촌을 형성하게 되었다. 그러나 이마저도 자리를 잡지 못한 피난민들은 괴정 새마을, 영도 청학동, 우암동 등에 분산해 이주시켰다. 1955년 이후 부산시는 도시미관개선이라는 명분으로 귀환 동포와 피난민, 수재민들을 위한 공공주택을 건설하여 시 외곽으로 이들을 이주시켰다. 이 중 괴정 새마을은 1954년 보수천 피난민 주택 철거민들의 보금자리가 되었고 영도 청학동 마을은 1955년 부산역 역전대화재 이재민들의 이주마을이 된 한편, 당감4동은 1.4 후퇴 때 월남한 황해도·평안도 이주민들의 피난마을이 되었다. 부산시는 한국전쟁기 피난민들을 구한 유엔의 지원 및 정부기능 유산들로 '피란수도 부산의 유산'을 구성하고 유네스코 세계유산으로 등재하기 위한 노력을 계속하고 있다. 여기에는 부산 임시수도 정부청사, 부산시민공원옛 주한미군 부산기지사령부, 부산항 제1부두, 영도대교 등이 포함된다.

참고자료

박효민·박재홍·김준·유재우, "부산피난이주지 소막마을의 형성과 변화특성", 『대한건축학회지』 30(9), 2014, pp.67~76.

손태욱, "6.25 전쟁기 대한민국 피란수도 부산의 유산", 『건축』 61(9), 2017, pp.43~47.

한국전쟁 당시 피난민들은 일자리를 구할 수 있는 부산항 주변에 모여 살았는데, 산지가 많아 경사지를 따라 마을이 형성된 곳이 많다. 동구 초량동에는 이러한 역사를 보여주는 168개의 가파른 계단이 현재까지도 남아 있다.

제주

4.3 사건 70주년, 아직 아물지 않은 상처를 치유하는 법

언제 들어도 설레는 이름이다. 쉬고 싶을 때, 떠나고 싶을 때, 일상에서 탈출하고 싶을 때, '육지 사람들'이 도피하듯 찾는 제주도. 온갖 테마파크와 뮤지엄, 펜션들이 제주도에 생겨나는 동안, 이 섬에 트라우마처럼 남아 있는 4.3 사건의 기억은 점차 희미해져 가고 있었다. 정말로 치유되고 극복돼 사라지는 것이 아닌, 무관심 속에서 잊혀 가는 것이다. 지친 사람들에게 위로와 휴식을 주는 섬. 조금 늦었을지 몰라도, 이제는 그 섬을 위로하고 함께 상처를 보듬어야 할 때가 됐음을 실감했다.

거대한 학살터였던 제주도

겨울의 제주도는 매력적이다. 삼다도란 이름에 걸맞게 바닷바람이 거세게 불지만, 그래도 서울처럼 살을 에는 추위는 아니었다. 그런 한편 멀리 보이는 한라산의 눈 덮인 산봉우리는 장관이었는데, 마치 제주도 땅을 지키는 수호신처럼 보이기도 했다. 귤이 주렁주렁 달린 귤나무가 지천에 널려있었고 식당에서 파치귤(상품성이 떨어져 팔지 못하게 된 귤)들을 공짜로 한 움큼씩 얻어먹는 재미도 있었다. 게다가 유채꽃밭이 펼쳐진 풍경이 더해지니, 우리가 잘 아는 제주도의 모습은 이 계절에서야 비로소 제대로 볼 수 있구나 싶었다. 그렇다. '우리가 잘 아는 제주도의 모습'이란 한라산과 귤, 유채꽃, 갖가지 형태의 오름들, 현무암으로 만든 돌담 같은 것들이다. 온갖 테마의 뮤지엄들과 트렌디한 음식점들이 제주도에서의 경험을 많이 바꿔놓긴 했지만, 제주도 자연풍경의 전형은 여전히 강렬한 인상을 남긴다. 하지만 2018년이 제주에 좀 더 큰 의미로 다가오는 이유는, 우리나라 현대사에서 한국전쟁 다음으로 많은 사람들이 희생된 것으로 알려진 '4.3사건'이 70주년을 맞이한 해이기 때문이었다.

눈 덮인 한라산과 귤나무, 유채꽃밭이 어우러진 12월의 제주도 풍경.

4.3 사건은 해방 이후 제주도에서 벌어진 온갖 무력충돌과 진압과정에서 주민들이 대거 학살당한 일련의 사건들을 총칭한다. 이 어처구니없는 살상행위는 1947년 3월부터 1954년 9월까지 7년 동안이나 자행됐다. 제주도 사람들을 만나면 유독 '육지사람'이라는 표현을 쓰며 자신들과 구분하려는 것을 많이 보곤 하는데, 어떨 때는 서운하다 싶을 정도로 선을 긋는 느낌이다. 이런 인상을 주는 데에는 4.3 사건이 그만한 트라우마를 남겼기 때문이라고 말하는 사람들도 있다. 4.3 사건은 공권력의 횡포에 무고한 민간인들이 희생된 사건이자, 외지인들에게 제주도민들이 폭행당하고 살육됐던 일이기도 했다.

알뜨르비행장 옆 섯알오름에 남아 있는 4.3 사건의 학살터.

제주시의 4.3평화공원 전시장에서는 이 사건을 이렇게 요약하고 있다. “바다로 둘러싸여 고립된 섬 제주도는 거대한 감옥이자 학살터였다”. 그 말 그대로, 제주도는 섬 전체가 4.3 사건의 현장이었다. 군경들의 명목상 타깃이 됐던 남로당 무장대가 한라산으로 후퇴하면서부터 제주도의 중산간지역은 학살터가 되고 만 것이다.

사라져가는 비극의 기억

제주도 곳곳에는 그 상처가 아직 아물지 않은 채 남아 있었다. 4.3평화공원과 같은 기념비적인 공간도 있지만, 불태워졌던 마을과 이름 없는 무덤 그리고 처형장으로 사용됐던 장소들이 무심하게 자리를 지키고 있다. 그렇게 제주도의 아름다운 풍경은 역설적이게도, 슬프고 잔인했던 과거의 기억들을 품고 있었다.

일제강점기에 만들어진 서귀포시의 알뜨르비행장 옆에는 폭탄 창고로 사용됐던 섯알오름이 있다. 일본이 패망한 이후 미군은 이 창고를 폭파시켰는데, 그렇게 만들어진 큰 구덩이는 4.3사건의 집단 학살터가 됐다. 식민지배의 설움과 학살의 트라우마가 뒤엉킨 알뜨르비행장의 격납고들 사이로, 주민들은 다시 농사를 짓고 예술가들은 작품을 만들어 세웠다. 한 가지 이야기만으로는 설명할 수 없는 복잡한 시공간의 층위들은 평화롭게만 보이던 이곳의 풍경을 바라보는 나의 심경도 어지럽게 만들었다.

서귀포시 안덕면 동광리에는 ‘잃어버린 마을’이라 불리는 무등이왓의 터가 남아 있다. 4.3 사건으로 마을 전체가 불타 없어진 곳이다. 집이 있었고 학교가 있었고 시장이 있었을 자리는 텅 비어, 표석이 아니었다면 모르고 지나쳐도 이상하지 않을 정도였다. 마을 터라고 해서 조금의 폐허라도 남아있을 줄 알았는데, 그곳은 과거를 회상하거나 앞으로의 재건을 꿈꿔볼만한 일말의 여지도 찾아볼 수 없었다.

김해곤 작가의 '한 알'. 알뜨르비행장 일대에서 펼쳐진 제주비엔날레의 작품으로, 밀 한 알의 탄생을 형상화해 평화의 시작을 알린다는 메시지를 담고 있다.

4.3 사건의 진상규명은 아직도 현재 진행형이다. 희생된 사람들의 수는 3만여 명에 달하지만, 이 억울한 죽음에 대한 진상규명은 50여 년이나 지난 2000년 1월에서야 시작됐다고 한다. 어느 희생자들은 시신도 찾지 못하고 있고, 신원이 확인되지 않은 유해들도 부지기수다. 아마도 가해자와 피해자 모두 입에 담기를 꺼렸기 때문에 더욱 수면 위로 올라오지 못했던 탓도 있을 것이다.

온갖 박물관과 미술관, 테마파크들이 건설되고 있는 제주도에서 4.3 사건의 기억을 가지고 있는 장소들은 우리가 정말 알아야 하는 제주도의 숨겨진 모습이다. 온전히 복원하지는 못하더라도, 제주도에 휘몰아치고 있는 개발의 욕구가 이 장소들을 무분별하게 집어삼키지 못하도록 해야 하는 이유다. 그래서 과오로 얼룩진 역사의 순간을 좀 더 냉정하게 돌아볼 수 있을 때, 제주도가 표방하고 있는 '평화의 섬'이란 이름이 비로소 진가를 발휘할 수 있을 것이라 전망해본다.

잃어버린 마을 무등이왓의 4.3 사건 당시 모습을 재현한 지도. 그 위로 학살 과정을 묘사한 그림이 그려져 있다.

평화관광

평화관광의 개념은 '관광을 통한 평화peace through tourism'로 이해된다. 국제연합의 '관광은 평화로 가는 여권' 선언 이후, 1986년 국제평화관광협회International Institute for Peace through Tourism에서 '모든 관광객은 평화를 위한 대사Ambassador for Peace'라고 전제하고 평화관광의 개념정립과 홍보에 앞장서고 있다. 지리학자이자 관광교육자였던 이안 켈리Ian Kelly는 평화주의의 실천을 바탕으로 '관광을 통한 평화'의 개념을 설명하였다. 그에 따르면 관광을 통한 평화, 즉 평화관광은 새로운 대안 관광의 형태가 아니며, 관광객들에게 즐거움과 재미를 제공하는 활동들을 제거하거나 개조하려는 것이 아니다. 평화관광의 목적은 폭력이 필요하다는 인식을 갖게 하는 조건을 감소시키는 데 있다. 평화주의는 폭력이 완전히 없어진 형태를 의미하기도 하지만 평화를 위해 폭력의 사용이 정당화되는 상황이 있다고 주장하기도 하는데, 평화관광은 후자의 상황을 피할 수 있게 하는 방법이 될 수 있다는 것이다. 평화 연구자 린다-앤 블랜차드Lynda-ann Blanchard와 관광학자 프레야 히긴스-데스비올레스Freya Higgins-Desbiolles는 저서 『Peace Through Tourism』에서 관광이 서로 다른 커뮤니티나 국가 간의 비교문화적 이해, 관용, 평화에 기여할 수 있으며 인권과 정의, 평화를 증진시키는 사회적 힘으로서 잠재력이 있다고 주장하였다. 평화관광은 수요와 공급의 법칙, 상품으로서의 관광, 관광객 동기에만 집중하고 그곳에 사는 사람과 환경에 대해서는 무관심했던 상업 중심적 사고방식에 대한 반성이며, 관광의 발전은 기본적인 인간의 욕구를 채우고 평등과 정의를 보장하여 '평화'가 이루어지도록 구성되어 있다고 하였다. 이런 관점에서 관광을 통한 평화란 '전 세계적 평화'라는 거창한 목표가 아니라 인권실현을 뜻한다고 설명한다. 즉 '평화'란 단지 전쟁이 부재한 상태, 조화로운 관계 이상의 의미가 있으며, 공정한 사회, 경제, 정치적 상황은 평화의 전조가 될 수 있다고 하고 있다.

참고자료

김지나·조경진, "DMZ 접경지역 평화관광을 통한 지역 자원 활용의 특성 변화: 철원을 중심으로", 『한국도시지리학회지』 22(3), 2019, pp.97~117.

L. Blanchard and Freya Higgins-Desbiolles eds., *Peace Through Tourism*, London: Routledge, 2013.

I. Kelly, *Introduction to Peace through Tourism*, IIPT Occsaional Paper, 2006.

4.3 사건을 추모하고 평화와 인권의 의미를 교육하기 위한 목적으로 만들어진 제주 4.3평화공원.
위령탑(위), 행방불명인표석(아래) 등이 조성돼 있다.

통영

49년만의 귀향, 윤이상 반기는 푸른 물결

빨갱이. 냉전의 역사가 만들어낸 안타까운 단어다. 대학에 와서 근현대사를 제대로 공부하고 나서야 이 단어가 얼마나 많은 오해와 억울함, 그리고 분열과 증오심을 낳았는지 알게 됐다. 세계적인 음악가 윤이상은 일생을 이 단어에 갇혀 살았고, 그의 유해가 이장된 통영은 때아닌 이념 갈등의 소용돌이에 휘말렸다. 고향 통영에서 낚시하며 여생을 보내는 것이 윤이상의 한 평생 소원이었다고 하는데, 그게 그렇게도 용납되지 못할 일이었을까. '빨갱이' 윤이상의 귀향은 언제쯤 진정으로 완성될 수 있을까.

통영에서 회고되는 세계적인 음악가의 기구했던 삶

윤이상이라는 작곡가가 있었다. 인터넷 포털사이트에서 윤이상을 검색하면 '동백림사건', 또는 '동베를린 공작단사건' 따위의 연관검색어가 뜬다. 독일이 아직 동독과 서독으로 분단돼 있었던 1967년, 우리나라 중앙정보부가 당시 독일에서 활동하던 한국인 예술가, 교수, 유학생들이 간첩 활동을 했다고 발표한 사건이다. 윤이상도 여기에 연루됐던 예술가 중 한 명이었다. 그는 이 사건으로 한국에서 추방돼, 사망할 때까지 독일인으로 살았다.

2006년에서야 국가정보원의 과거사진실규명위원회가 동백림사건이 당시 대통령 선거에 대한 부정 의혹을 무마시키기 위해 과장된 것이었다고 발표했다. 하지만 그를 둘러싼 의혹은 아직 완전히 해소되지 않은 듯하다. 윤이상은 외국에서 뛰어난 음악가로 인정받았지만 정작 고국에서는 기구했던 인생사로 더 기억되는 불운아였다.

2018년 3월 20일, 윤이상이 한국에서 추방당한 지 49년 만에 고향인 경남 통영으로 돌아왔다. 베를린 가토우 공원묘지에 묻혔던 유해를 통영에 이장한 것이다. 사망한 지 이미 23년이나 지난 후였다.

통영 도천동에 위치한 윤이상기념공원. 2018 통영국제음악제를 맞아 윤이상 추모 사진전과 공연이 열렸다.

통영에서는 2002년부터 윤이상을 기리는 '통영국제음악제'를 개최하고 있는데, 2018년에는 '귀향'이란 주제로 그가 사후에나마 고향에 돌아올 수 있게 된 것을 기념했다. 음악제 기간 동안 도천동 '윤이상기념공원' 주변에서는 파란 리본들이 여기저기 매달려 휘날리고 있는 것을 볼 수 있었다. 귀환을 의미하는 노란 리본을 본 따고, 윤이상이 그리워했던 통영의 푸른 바다색을 담은 것이라고 한다. 본래 가을에 열리던 통영프린지 공연도 윤이상의 귀향을 함께 기념하기 위해 특별히 음악제 기간으로 일정을 옮겼다. 윤이상은 수십 년 전 불명예스럽게 고국을 떠나야했지만, 이제 사람들은 윤이상 음악의 위대함과 그가 평생 견뎌내야 했던 향수의 안타까움에 주목하고 있었다.

인물을 지역 마케팅에 활용하는 것은 흔한 전략이다. 고흐가 생애 마지막 시절을 보냈던 마을이라든지, 바그너가 오페라극장을 지은 마을이라든지, 특별할 것 없는 작은 동네가 유명한 인물의 사연이 투사되며 외국인 관광객까지 끌어들이는 명소가 되는 사례는 전

윤이상을 테마로 하는 도천음악마을의 골목길에서는 윤이상이 작곡한 교가, 윤이상이 다니던 길 등을 볼 수 있다.

세계적으로 심심찮게 찾아볼 수 있다. 통영도 대중적으로 잘 알려진 문화예술인들과 인연이 많다. 유치환과 김춘수, 박경리의 고향이 통영이다. 백석이 통영 여인을 짝사랑해 남긴 시 '통영'은 그의 걸작 중 하나로 꼽히고, 이중섭도 통영에서 많은 작품활동을 한 것으로 알려져 있다. 그들의 조각상과 작품들을 통영시내 곳곳에서 문득문득 마주치는 것은 즐거운 경험이었다. 하지만 그중에서도 윤이상의 명성과 파란만장했던 인생사는 통영을 돋보이게 할 수 있는 가장 매력적인 스토리였다.

그가 어린 시절을 보냈던 도천동 일대는 여러 가지 문화예술사업이 진행되면서 '도천음악마을'이라 불린다. 윤이상의 어린 시절과 그의 업적들이 도천동 골목길마다 아기자기한 벽화로 장식돼 있다. 마을 골목길을 벽화로 꾸미는 일은 이제 너무 흔해서 식상하기 십상인데, 그럼에도 윤이상이 어린 시절 학교를 오가며 지났다는 스토리는 평범한 한 골목길을 특별한 장소로 만들어주고 있었다.

윤이상기념공원 인근에 조성된 윤이상음악도서관 '베를린하우스'.
그 옆으로 윤이상이 생전에 타고 다니던 자동차가 전시돼있다.

도천동의 윤이상기념공원은 윤이상의 업적을 기리기 위해 2010년에 조성된 공원이자 전시관, 공연장이다. 전시관에서는 1917년부터 1995년까지 굴곡졌던 윤이상의 일대기를 엿볼 수 있었다. 음악제를 맞아 실외공연장과 카페에서는 프린지 마켓과 공연이 열리며 축제 분위기를 한층 고조시켰다. 인근에는 독일에서 윤이상이 살던 집을 모델로 한 듯한 음악도서관 '베를린하우스'가 있고, 그 옆에는 그가 타고 다니던 자동차를 전시해놓아 특별한 분위기를 더하고 있었다.

통영국제음악제 기간 동안 윤이상기념공원 카페에서 열리는 프린지마켓.
윤이상이 작곡한 교가들을 오르골로 만들어 판매하고 있다.

미완의 귀향

하지만 이곳은 2017년 11월까지 도천테마파크라고 불렸다. 간첩 혐의를 받았던 윤이상의 이름 석 자는 한동안 금기어나 다름없었기 때문에, 기획 때부터 고려했던 '윤이상기념공원'이란 명칭을 사용할 수 없었다고 한다.

음악제가 열리는 도남동의 통영국제음악당도 원래는 '윤이상음악당'이란 이름으로 이야기되다, 2009년 돌연 명칭을 변경했다. 최근 윤이상기념공원의 이름을 바꾸면서 통영국제음악당의 콘서트홀을 '윤이상홀'로 바꾸자는 주장도 있었지만 이것 역시 무산됐다. 통영이 국제음악제를 열고 음악 도시임을 내세울 수 있는 가장 중요한 기반이 '윤이상'인 것에 비해, 그의 이름은 어디에서도 시원스레 드러나지 않는다. 가을에 열리는 윤이상국제음악콩쿠르 정도뿐이다.

어떤 이들은 여전히 윤이상의 행적에 대해서 의구심을 품는다. 2018년 통영음악제가 개막하던 날, 한쪽에서는 윤이상의 음악을 칭송하며 그를 기리는 축제가 열리고, 다른 한쪽에서는 김일성, 김정은의 사진과 함께 윤이상의 사진을 불태우는 기이한 광경이 펼쳐졌다. 그의 유해가 오는 것을 두고 거센 반대 집회가 열리기도 했다. 윤이상기념공원 앞은 그를 비난하는 사람들의 목소리가 파란 리본과 대조되며 어지럽게 뒤엉켜 있었다.

통영이 선택한 '윤이상 카드'는 어쩌면 독이든 성배일 수 있다. 윤이상의 잘잘못을 떠나, 아직까지 우리나라는 이념 갈등의 그림자가 너무 짙다. 현대음악이란 생소한 콘텐츠를 대중적으로 풀어나가는 일 또한 커다란 숙제다. 하지만 '윤이상'은 세계적인 음악가들이 우리나라의 작은 도시 통영에 주목하게 만드는 힘이기도 하다. 언젠가 윤이상의 귀향이 진정으로 완성되는 날, 이 딜레마의 해답은 밝혀질 수 있을 테다.

역사인물 마케팅

통영의 윤이상기념공원, 파주의 율곡이이 유적, 춘천의 김유정문학촌, 정읍의 전봉준 공원 등 지역과 인연이 있는 역사적인 인물을 관광 마케팅에 활용하는 것은 우리나라에서도 흔하게 볼 수 있는 전략이다. 역사 인물을 활용한 문화 콘텐츠는 역사성이 있다는 점에서 단순히 엔터테인먼트를 목적으로 하는 콘텐츠보다 특별한 가치를 전달할 수 있다. 그러나 일방적인 관점의 해석이나 우상화를 경계할 필요가 있고, 대중과 공유할 수 있는 가치를 제공할 수 있어야 한다. 역사 인물을 관광자원이 될 수 있는 문화 콘텐츠로 기획하기 위해서는 역사 인물에 관한 역사적 접근과 함께 콘텐츠화의 가능성을 분석해야 한다. 먼저 역사 인물에 대한 연대기적 이해를 기본으로 해당 인물과 관련된 역사적 배경, 사건, 다른 인물에 대한 조사가 이루어져야 하며, 유물이나 유적 조사는 물론 학문적 고증도 중요하다. 조사 결과를 바탕으로 인물을 통해 전달하고자 하는 핵심 가치가 무엇인지 분석하고 전체 콘셉트와 세부 테마를 결정해야 한다. 다음은 어떠한 매체를 통해 인물을 제시할 것인가를 고민해야 하는데, 역사 인물이 가지고 있는 특성과 어울리는 경험 형태를 가진 매체가 무엇인지 분석해야 한다는 뜻이다. 게임과 같은 방식의 상호작용성을 가지는지, 디스플레이적인 속성을 가지는지, 이러닝e-learning 콘텐츠 등으로 활용할 수 있는 교육적 요소가 있는지 판단할 필요가 있다.

참고자료

태지호·권지혁, "지역 역사 인물의 문화콘텐츠 기획에 관한 연구", 『문화정책논총』 30(1), 2015, pp.248~271.

프랑스 파리 근교의 오베르 쉬르 와즈에는 네덜란드 출신의 화가 빈센트 반 고흐가 생애의 마지막을 보내며 많은 작품을 그렸던 곳으로 알려진 마을이 있다. 고흐가 머물렀던 여관, 고흐가 그림을 그렸던 풍경들을 관광자원으로 활용하고 있다.

목포

문화재 가득한 구도심, 관광 붐 식지 않으려면

10년 만에 다시 찾은 목포의 구도심은 그동안 트렌디한 가게들이 몇 군데 생겼다는 것을 빼면 특별히 변한 점이 없었다. 10년이면 짧지 않은 시간인데, 구도심의 근대건축물 거리에서 보고 느낄 수 있는 것은 옛날 그대로였다. 더 좋아지지도, 더 나빠지지도 않았다. 내가 그동안 목포에 또 가봐야겠단 생각을 한 번도 안 했었다는 것은 그만큼의 유인이 없었다는 뜻이다. 목포의 근대문화재들은 물론 인상적이었다. 하지만 한번 보고 감탄하고 나니 그뿐이었다. 뜻밖에 관광 붐을 일으킨 목포, 앞으로 어떤 전략이 더해져야 할까.

정치인의 부동산 투기 이슈로 달아오른 구도심 관광

2019년 겨울, 목포가 전국적으로 뜨거운 관심을 받았다. 그 중심에 있는 것은 개항기와 일제 강점기를 거치며 목포의 근대 시가지가 발달했던 거리 일대다. 어느 정치인의 부동산 투기 의혹으로 논란의 주인공이 되며, 추운 날씨에도 불구하고 이어지는 관광객 몰이로 연일 화제였다.

'목포 근대역사문화공간'이라고 불리는 이곳은 2018년 8월 등록문화재로 지정됐다. 문화재들을 개별적으로 등록해서 관리하던 기존 방식에서 조금 변화된 형태다. 역사적, 문화적 가치가 있는 자원들이 모여 있는 '거리'나 '마을' 전체가 하나의 문화재로 등록되는 것이다. 이런 방식을 '선線·면面' 단위 문화재 등록제도라고 일컫는다. 목포의 근대역사문화공간은 이 새로운 제도의 첫 번째 주자 중 하나로 선택됐다.

목포 근대역사문화공간은 목포역에서 그리 멀지 않았다. 나는 가장 먼저 목포근대역사관을 찾아가 보았다. 1900년에 지어진 구 일본영사관 건물을 역사 전시관으로 활용하고 있는 곳이다. 이곳에서 목포는 부산, 군산, 인천과 달리 고종의 칙령으로 개항한 최초의 항구라는 사실과 함께, 개항기 목포의 근대사를 한눈에 살펴볼 수 있었다. 이 화려하고 이국적인 붉은 벽돌 건물을 중심으로 북적거렸을 옛 도시의 풍경이 어렴풋이 그려졌다.

목포근대역사관으로 활용되고 있는 구 일본영사관 건물.

근대역사문화공간으로 지정된 목포의 구도심에는 구 동양척식주식회사 건물, 구 호남은행 목포지점 건물, 구 목포부청 서고와 방공호, 구 공립 심상소학교 건물 등 일제강점기 이 거리를 호령했을 굵직굵직한 건물들이 남아 있었다. 근대기의 정취를 풍기는 오래된 건물들이 곳곳에 숨어 있기도 했고, 문화재인지 아닌지 언뜻 보기엔 알 수 없을 정도로 거리 풍경 속에 감추어진 건물들도 많았다.

이렇게 범위를 넓혀 여러 역사, 문화자원들을 하나의 문화재로 관리하려는 목적은 명확하다. 문화재를 통해 낙후된 도시에 새로운 활력을 불어넣기 위해서다. 그러기에 개개의 문화자원을 따로따로 관리하기보다, 지역 단위로 확장하는 것이 효과적일 것이라는 게 '선·면' 단위 문화재 등록의 취지였다. 그리고 현재 목포 근대역사문화공간은 문화재청의 도시재생 시범사업 대상지로 선정되면서 새로운 실험에 박차를 가하는 중이었다.

목포근대역사관에 전시되어 있는 근대 목포 구도심 일대의 모형.

어찌 됐든 투기 논란으로 목포가 계속 뉴스에 등장하면서, 사람들이 우리나라 근대 문화재에 대해 관심을 갖게 된 것은 분명한 듯했다. 목포의 근대역사문화공간을 찾은 사람들은 "뉴스에 나온 곳을 직접 가보고 싶었다"라고 이야기한다. 근대역사문화공간 일대에는 카페와 레스토랑, 공방, 사진관 등 아기자기한 가게들이 드문드문 등장하고 있어, 감각적이고 독특한 이미지를 찾는 젊은 세대들의 취향을 저격할 가능성도 엿보였다.

목포에 근대 문화재가 많다는 사실을 미처 몰랐다가 새롭게 알게 됐다는 고백도 종종 들린다. 일제 강점의 슬픈 역사가 남긴 적산敵産을 문화재로 보존하는 문제에 대한 논란이 계속되는 가운데 조금 더 많은 사람들이 이 문제에 고민을 더할 수 있다면, 그것 또한 이 근대역사문화공간의 가치라고 할 수 있을 것이었다.

목포 근대역사문화공간 일대에 위치한 사진관. 이런 독특한 분위기의 가게들이 종종 보인다.

목포는 항구다

하지만 두어 시간 정도 둘러보고 나니, 근대역사문화공간에서는 더 이상 할 수 있는 게 없었다. 안내 자료에서는 여러 가지 프로그램이 소개돼 있었지만 지금 시즌에 운영되고 있는 것은 없는 모양이었다. 임시로 마련된 관광안내소에서는 '갓바위 문화타운'을 소개

'갓바위 문화타운' 내 국립해양문화재연구소 해양유물전시관에는 신안 앞바다에서 발견된 해저유물들이 전시돼있다.

해주셨다. '갓바위'는 천연기념물로 지정된 풍화혈風化穴인데, 그 주변으로 국립해양문화재연구소, 남농기념관, 문예역사관 등의 전시시설들이 모여 있는 지역이다.
특히 국립해양문화재연구소 내에 있는 해양유물전시관은 꽤 흥미로운 곳이었다. 인간이 바닷길을 열며 일궈낸 역사의 흔적들이 일목요연하게 정리돼 있었다. 그중에서도 신안 해저유물 전시는 굉장히 충격적이었다. 신안 해저유물은 1976년 목포와 인접한 신안군 앞바다에서 발견된 어마어마한 양의 바닷속 보물들이다. 게다가 그 보물의 기원이 1300년대로 거슬러 올라간다는 사실에 또 한 번 더 놀라게 된다. 오랜 세월 바닷속에 잠들어 있었다는 사실 때문인지, 전시실 유리 벽 너머에 진열된 유물들이 한층 더 신비롭게 보였다. 그 밖에도 해양유물전시관은 오랜 세월 바다와 인연을 맺어온 이 지역 역사를 생생히 상상할 수 있게 하는 공간이었다.
근대역사문화공간에서 근대 목포의 겉모습을 보았다면, 갓바위 문화타운에서는 목포의 뿌리를 이루는 역사와 문화를 본 느낌이었다. '목포는 항구다'라는 노랫말처럼, 목포는 바다를 터전으로 삶을 살아온 사람들의 도시라는 사실이 새삼 와 닿았다. 근대역사문화공간에서도 이런 경험이 가능해야 한다. 구도심 목포에서 이야기할 수 있는 이 도시의 정신은 무엇일까? 이 지역이 문화재 지정과 도시재생 사업을 계기로 지속가능한 부흥을 꿈꾸기 위해 반드시 답을 찾아야 하는 질문이다. 이번 '목포 붐'이 한순간의 열풍으로 끝나지 않고 오랜 생명력을 갖기를 바란다.

선(線)·면(面) 단위 등록문화재 제도

문화재청이 2018년부터 등록문화재의 보존 및 활용을 위해 도입한 제도이다. 문화재청은 2001년부터 등록문화재 제도를 통해 지정문화재가 아닌 근대문화유산 중에서 보존, 관리, 활용을 위해 특별한 조치가 필요한 문화재를 문화재보호법상 절차에 따라 등록하고 보호해 왔다. 그러나 등록 대상을 소극적, 제한적으로 적용하여 개별 건조물에 대한 평가만 이루어짐으로써 집단으로 형성된 건조물군에 대한 보호는 효과적으로 이루어지지 못한다는 한계가 있었다. 이에 2018년부터 다양한 생활사적 가치를 담고 있는 역사문화공간에 대한 입체적인 보호를 위해 '선·면 단위 등록문화재 제도'가 시행되고 있다. 선·면 단위의 문화재 등록 대상이 되는 유형으로는 역사문화자원이 집적된 지역의 핵심 상징 공간으로서 지역의 역사문화적 배경이 되는 거리, 당대의 경관 또는 생활 전통 등을 보존하고 있는 마을, 지정·등록문화재, 향토유산 등의 역사문화자원이 집중 분포하고 있는 지구, 근대산업사 측면에서 중요한 가치가 있는 산업유산지역 등이 있다. 선·면 단위 등록문화재로 선정되기 위해서는 등록하고자 하는 등록 구역이 지정·등록문화재, 향토유산, 건축문화자산 등 근현대 역사문화자원이 집적된 지역의 핵심 공간으로서 보존과 활용 가치가 높은 곳이어야 하고, 등록하고자 하는 구역 내 건물과 토지 소유자가 동의하는 등 지역 공동체 참여와 지방자치단체의 추진 의지가 있어야 하며, 대상 구역 내에 원형 보존 상태가 양호하여 개별 등록문화재로 등록이 가능한 건축물이 있어 거점의 역할을 수행할 수 있어야 한다는 주요 조건들이 있다. 목포의 근대역사문화공간(등록문화재 제718호), 군산의 내항 역사문화공간(등록문화재 제719호), 영주의 근대역사문화거리(등록문화재 제720호)가 2018년 8월 6일 최종 등록 고시되어 선·면 단위 등록문화재 제도의 첫 번째 사례가 되었으며, 이 지역들은 근대역사문화공간 재생 활성화 시범사업 지역으로 선정되었다.

참고자료

김용희, "선·면 단위 등록문화재 제도의 도입과 기대 효과", 『건축과 도시공간』 31, 2018, pp.83~88.

목포 근대역사문화공간에는 등록문화재 15개소, 적산가옥 100여 개소가 포함되어 있다. 좌측 상단부터 시계방향으로 구 목포 일본기독교회(제718-6호), 목포 번화로 일본식 가옥(제718-1호), 구 목포화신연쇄점(제718-15호), 구 동양척식주식회사 목포지점.

Author's Diary

기승전 "유튜브 해야겠다"

나는 탄탄한 언론매체를 내 글의 플랫폼으로 이용한다는 행운을 누리고 있지만, 그것으로 만족하기엔 이 세상이 너무 많이, 그리고 빠르게 변하고 있다는 것을 실감하는 요즘이다. 이런 변화는 이미 오래 전 '블로그'라는 것으로 시작됐었다. 인터넷web에 쓰는 일기장log이었던 것이 이제는 웬만한 광고보다 더 크고 무서운 파급효과를 가진다.

나도 그 유행을 타고 블로그를 만들긴 했다. 파워블로거나 인플루언서 같은 건 전혀 아니고, 그저 소박한 블로그다. 그래도 포스팅을 조금 열심히 하니 검색에 잘 걸리기 시작하면서 조회 수가 늘어났다. 뭔가 홍보할 일이 생기면 그냥 내 블로그에 쓰기만 해도 나름 효과가 있었다. 그래서 칼럼이 발행되고 나면 블로그에도 링크를 올리고 있다. 그러자 뉴스에서는 다른 기사들에 밀려 검색이 안 될 때도 내 블로그를 통해 칼럼이 노출되는 경우가 종종 생겼다.

칼럼을 쓰기 위해 답사를 다니면서 드는 시간과 비용을 생각하면 칼럼 한 편만 쓰기엔 조금 아까웠다. 한 번의 답사로 여러 개의 콘텐츠를 만들어낼 수 있지 않을까. 그래서 우선 제일 하기 쉬운 방법으로 블로그에 '여행기'를 쓰기 시작했다. 칼럼이 완성품이라면 여행기는 주저리주저리 늘어놓는 단상들이었다. 칼럼에 미처 넣지 못한 이야기들을 쓰기도 했다.

요즘 직장인들의 2대 허언이 "퇴사할 거다"와 "유튜브youtube 할 거다"라고 한다. 블로그가 주류 플랫폼에 대한 대안 같은 것이었다면, 유튜브의 등장은 대세의 전환인 것 같아 어쩐지 마음이 조급하다. 그래서인지 거의 모든 대화가 "유튜브 해야겠다"로 끝나곤 한다. 이제는 답사를 하면 사진만 찍지 않고 동영상도 함께 찍고 있다. 그리고 최근에 드디어 유튜브 채널을 만들어 업로드를 시작했다! 혹시 유튜브를 보다가 시간이 남는다면 '문화로 도시읽기'를 검색해보시길…

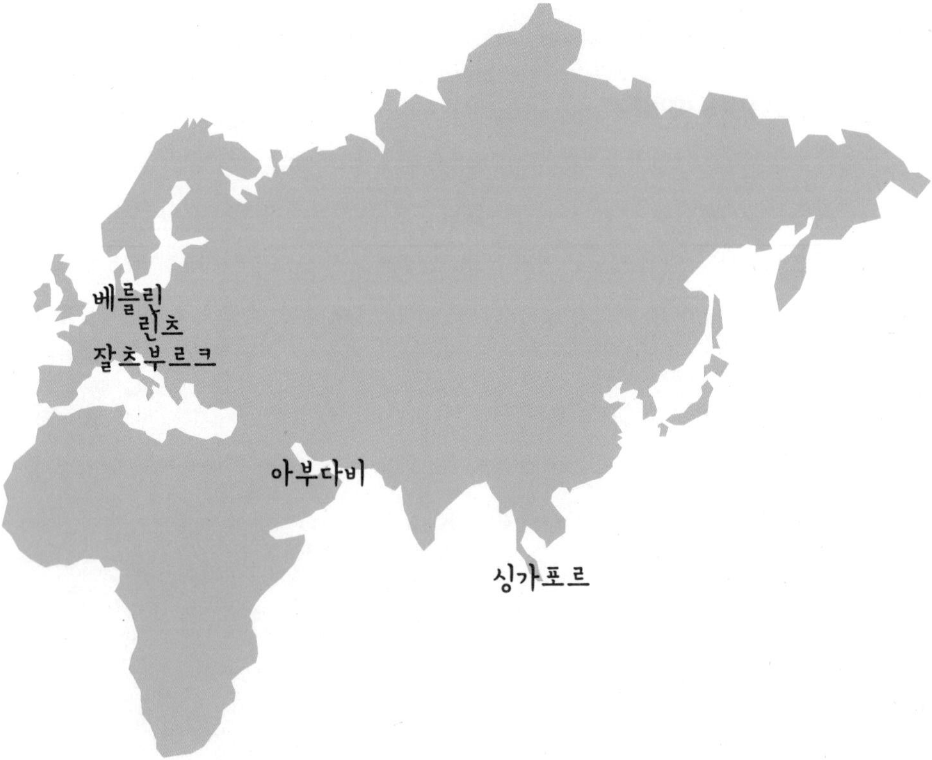

베를린
린츠
잘츠부르크
아부다비
싱가포르

06

새로운 자극을 주는 해외도시들

아부다비 루브르 분관에 담긴 문화적 고민

베를린 아픔의 상징이 성찰과 치유의 장으로

싱가포르 김정은이 찾았던 '가든스 바이 더 베이'에 담긴 도시 정신

린츠 미디어아트 메카로 거듭난 히틀러의 문화도시

잘츠부르크 코로나 위기 속 음악 축제를 취소할 수 없는 이유

아부다비

루브르 분관에 담긴 문화적 고민

중동은 낯선 지역이었다. 여러 매체들을 통해서 만들어진 선입견도 있었다. 때로는 부정적이고 때로는 지나치게 이국적인 이미지가 덧씌워져 있다. 여름의 끝자락, 더위가 한풀 꺾였다고는 하지만 에어컨이 없는 실외에는 잠시라도 나가 있기가 힘든 날씨가 '여기는 사람 살 곳이 못 돼'란 생각만 되뇌게 했다. 그런데 언제부턴가 루브르, 구겐하임 같이 듣기만 해도 설레는 이름들이 중동의 도시, 아부다비에 등장하기 시작했다. 이 도시에 대한 생각은 2017년 이후로 완전히 바뀌었다.

오일머니가 만든 새로운 루브르

2017년, 세계 유수의 박물관이자 프랑스 파리의 문화적 자존심과 같은 루브르박물관의 첫 해외 분관이 생겼다. 유럽대륙의 유서 깊은 여타 도시들을 제치고, 중동의 사막 도시 아부다비가 그 명예를 갖게 됐다. '루브르 아부다비'는 몇 차례 개관 일정을 연기해오다, 2017년 11월 마침내 화려한 오픈 소식을 알렸다. 아부다비가 루브르 분관을 유치하기로 결정된 것이 2007년이었으니, 장장 10년에 걸친 프로젝트였다. 산유국의 오일머니는 수백 년 동안 '루브르'라는 이름이 쌓아온 시간조차도 살 수 있는 막강한 것이었다.

사실 나에게 아랍에미리트 연합국은 여행지로서 우선순위에 있는 나라는 아니었다. 고층빌딩의 향연을 보고 싶다면 세계도시 뉴욕이 좀 더 끌렸고, 사막탐험을 하고 싶다면 고대 문명의 발상지인 이집트를 갈 것이었다. 그런데 이 아랍에미리트 연합국의 수도 아부다비에 루브르의 분관이 생긴다는 소식은 꽤 흥미를 불러일으키는 사건이었다.

아부다비의 화려한 고층빌딩들. 아부다비의 7성급 호텔인 에미레이츠 팔레스 호텔에서 보이는 풍경이다.

내가 루브르 아부다비를 찾은 것은 2017년 9월로, 아직 변변한 진입로조차 없었을 때였다. 루브르박물관 건물이 보고 싶어 왔다는 말에 공사 현장을 지키던 한 직원이 익숙한 듯 차단기를 열어줬다. 어수선한 도로를 따라 박물관 건물 바로 앞까지는 갈 수 있었지만, 정문 안으로 들어가는 것은 불가능했다. 가까이 가면 안 된다고 연신 소리치는 현장 담당자의 말을 못 들은 척 하고, 까치발을 들어 담장 너머로 루브르 아부다비의 자태를 훔쳐볼 수밖에 없었다. 밝은 은백색의 건물 외관이 사막 모래로 뒤덮인 회황빛의 도시를 화사하게 장식하는 진주알 같았다.

2017년 9월, 루브르 아부다비가 막바지 공사에 한창이었다. 정식 개관은 그해 11월에 이루어졌다.

오래된 궁전을 개조한 파리의 루브르박물관과 달리, 루브르 아부다비는 프랑스의 유명한 건축가 장 누벨Jean Nouvel이 새롭게 설계했다. 누벨은 '루브르'라는 이름이 주는 고전적인 이미지 위에 아부다비만의 색깔을 덧입혔다. 지름 180m의 거대한 돔 형태로 된 루브르 아부다비의 지붕은 파리 루브르박물관의 중정Cour Carrée과 같은 크기라는 의미도 있지만, 아랍의 독특한 건축문화에서 영감을 받은 것이기도 하다. 아부다비를 비롯한 아랍문화권의 도시들에서는 '마쉬라비야mashrabiya'라는 양식의 창문들을 발견할 수 있는데, 기하학적 형태의 창문을 통과해서 들어오는 빛이 또다시 아름다운 그림자를 만들어내는 장치다. 루브르 아부다비의 지붕도 이와 비슷하게, 야자나무의 잎이 짜여 있는 듯한 모양의 틈새를 통해 '빛의 소나기'가 내리는 효과가 나도록 디자인됐다. 박물관의 내부 광장을 흐르는 수로는 아랍에미리트의 고대 관개 시스템인 '팔라지falaj'를 모티브로 한 것이다. 이런 특징들은 아랍에미리트의 극심히 더운 날씨에 맞춰, 물과 에너지를 효율적으로 사용하는 디자인이라 평가되기도 한다. 유럽의 수백 년 역사를 돈으로 한순간에 사들여 단지 옮겨다 놓기만 한 것이 아니라, 아부다비의 환경적 조건과 고유의 문화를 깊이 고려한 흔적들이다.

지속가능한 도시를 위한 문화적 비전

루브르 아부다비가 위치한 '사디야트 문화지구Saadiyat Cultural District'는 더 큰 비전을 가지고 있다. 성공적인 도시란 가능한 많은 사람들이 각자가 원하고 필요로 하는 것을 선택할 수 있는 곳이라 말한다. 문화다양성을 존중하는 도시가 되겠다는 의미다. 폐쇄적이고 보수적인 이미지가 강한 아랍문화권의 도시로서 획기적인 선언이었다. 루브르 아부다비를 비롯, 앞으로 사디야트 문화지구에는 국립박물관과 구겐하임미술관 분관 등 굵직굵직한 문화시설들이 들어설 예정이다. 예술적으로, 그리고 문화적으로 자유롭게 표현하고 즐기는 것이 새로운 변화의 첫걸음이란 생각이 엿보인다. 석유가 나는 덕분에 세계적인 미술관, 박물관의 이름을 쉽게 살 수 있고, 유명한 건축가를 초빙해 홍보 효과를 노린다며 못마땅하게 여길 수도 있다. 하지만 어쩌면 이 모든 것들은, 한정된 자원으로 아부다비를 지속가능하게 만들기 위한 영악한 몸부림일지도 모른다.

나는 사디야트 섬을 떠나, 아부다비의 유명한 랜드마크인 '셰이크 자이드 모스크Sheikh Zayed Mosque'로 향했다. 정교하고 화려한 이슬람 문화의 정수를 볼 수 있는 곳이다. '그랜드모스크'라고도 불리는 이곳은 그 이름대로 어마어마한 규모의 이슬람사원이었다. 해 질 녘, 저녁 기도 시간을 알리는 노랫소리 '아잔adhān'이 울려 퍼지는 그랜드모스크의 풍경은 종교의 차이를 뛰어넘는 감동과 편안함을 주었다. 그저 오일머니로 세워진 화려한 빌딩과 유럽에서 수입한 박물관뿐이었다면, 이 도시에서의 경험은 공허함만 남았을 것이다. 하지만 이슬람 문화의 오랜 전통은 미묘한 균형감을 느끼게 했다.

해 질 녘의 셰이크 자이드 모스크(그랜드모스크).
저녁 기도 시간을 알리는 노랫소리가 울려퍼지며 공감각을 자극한다.

이제 아부다비를 중동 어느 사막 지역의 산유도시 정도로 생각했던 사람들이 루브르의 새로운 분관을 보기 위해 이곳을 찾을 것이다. 그리고 거기에 그치지 않고 아부다비의 역사와 문화를 바탕으로 이 도시가 꿈꾸는 미래를 함께 고민할 수도 있다. 우리는 도시를 지속가능하게 하기 위해 어떤 문화적인 비전을 세우고, 얼마나 인내심 있게 노력을 기울이고 있는가. 아부다비만큼 파격적인 시도일 필요는 없다. 우리 나름의 진지한 고민이 필요한 때가 아닐까 한다.

사디야트 문화지구(Saadiyat Cultural District)

아부다비 행정 당국은 2000년대 후반부터 오일머니에 의존하고 있는 경제구조에서 벗어나기 위해 관광산업을 체계적으로 육성할 계획을 구상했다. 사디야트 아일랜드의 개발사업은 국제적으로 아부다비의 새로운 문화 비전을 알리기 위해 야심 차게 기획된 프로젝트로, 그 중 670에이커(약 82만 평)의 면적에 '문화 오아시스(cultural oasis)'를 조성하도록 한 것이 사디야트 문화지구이다. 사디야트 섬에는 랜드마크가 될 5개의 뮤지엄과 함께 29개의 호텔, 3개의 항구, 그리고 공원, 골프장, 요트클럽이 각각 1개소씩 계획되었다. 특히 2017년 11월 개관한 루브르 아부다비를 시작으로 구겐하임 아부다비, 셰이크 자예드Sheikh Zayed 국립미술관, 아부다비 공연 아트센터, 해양박물관 등이 들어설 예정인데, 이 5개의 뮤지엄은 모두 세계적인 건축가가 설계를 담당했으며 전 세계 관광객들이 한 번쯤 가보고 싶어 할 문화적 랜드마크를 만드는 것을 궁극적인 목표로 하고 있다. 구겐하임 아부다비는 캐나다의 건축가 프랭크 게리가 설계한 것으로 전시 공간이 약 13만ft^2(약 3천7백 평)에 달해 구겐하임 미술관 중 가장 큰 면적으로 계획되어 있다. 셰이크 자예드 국립 미술관은 아부다비의 역사, 전통 그리고 에미리트 왕국의 유산들을 볼 수 있는 전시관으로 기획되었다. 음악, 무용 등 공연예술을 수용할 아부다비 공연 아트센터는 이라크에서 태어난 영국 건축가 자하 하디드Zaha Hadid가 설계하였고, 해양박물관은 아랍 에미리트 연합국과 페르시아만의 해양 역사를 전시하는 공간으로서 일본 건축가 안도 다다오安藤忠雄가 설계하였다. 2008년 기사에 따르면 사디야트 섬의 개발 비용은 약 1천억 디르함(약 32조 원)으로 책정되었다.

참고자료

A. Apostolakis and S. Jaffry, *The Saadiyat Island Cultural District in Abu Dhabi*, 2014.
dezeen, "Gehry, Nouvel, Ando, Hadid build in Abu Dhabi", 2007. 1. 31.
Gulf News, "TDIC to invest Dh40b in Saadiyat Island", 2008. 1. 18.

사디야트 섬 내에 조성돼 있는 마나랏 알 사디야트 미술관(Manarat Al Saadiyat).
사디야트 문화지구 프로젝트 초창기인 2009년에 오픈하였다.

베를린

아픔의 상징이 성찰과 치유의 장으로

독일은 통일 이후를 이야기할 때면 으레 등장하는 나라다. 냉전시대의 분단과 평화통일을 우리보다 앞서 겪었기 때문에 언급되지 않을 수가 없다. 늘 막연하게 클리셰처럼 평화를 부르짖는 것에 허탈감도 들어, 진짜 평화는 어떻게 만드는 것인지 베를린에서 확인해보고 싶었다. 우리 역시 냉전의 희생자이기만 한 것이 아니라, 누군가에게는 가해자이기도 했다. 분단의 아픔, 과거의 잘못을 회피하기보다 당당하게 드러내고 공유함으로써, 자신뿐만 아니라 타인의 상처까지도 치유해가는 방법을 베를린에서 볼 수 있었다.

통일의 레퍼런스가 되는 도시

한반도에 평화의 바람이 불기 시작했던 2018년 이후, 남과 북을 가로지르는 비무장지대Demilitarized Zone, DMZ에 대한 관심도 덩달아 더 커지고 있다. 진짜로 통일이 될지도 모른다는 기대감과 함께 '생태계의 보고'로 알려진 DMZ를 보존할 수 있을 것인지 걱정 또한 앞서고 있다. 그래서 독일의 '그뤼네스반트Grünes Band'는 우리나라 DMZ의 미래를 상상해보기 위해 종종 언급된다. 그뤼네스반트는 독일이 아직 분단되었을 시절 동독과 서독을 가로지르던 경계지역이었는데, 지금은 시민환경단체의 노력으로 그 생태적 가치가 알려지면서 관광지로도 각광을 받고 있다. 한반도 DMZ를 두고 우리가 늘 꿈꾸는 미래상을 눈으로 확인할 수 있는 곳인 셈이다.

하지만 전쟁과 분단은 우리에게 DMZ 속 자연환경 외에도 많은 것을 남겼다. 냉전시대가 초래한 살상의 비극, 60년이 넘는 세월 동안 완전히 분리됐던 남한과 북한의 삶, 그 오랜 시간 동안 우리 생활 곳곳에 스며든 군사경관들. 슬프고 부끄러운 과거들은 말끔히 지워버리는 것이 최선인 걸까. 우리보다 먼저 분단과 통일을 경험한 독일, 그 수도인 베를린에서는 이 숙제를 풀기 위해 애쓴 흔적들을 곳곳에서 찾아볼 수 있었다.

과거 베를린 장벽에 있었던 검문소를 재현한 '체크포인트 찰리'.

베를린은 지리적으로는 동독에 위치하고 있지만 분단과 함께 동베를린과 서베를린으로 쪼개지게 된 도시다. 한가운데에는 거대한 장벽이 세워졌다. 지금은 대부분이 철거되고 일부만 기념물로서 남아 분단의 역사를 덤덤히 보여주고 있다. 베를린 장벽은 이 도시가 반으로 나누어져 있었을 당시의 모습을 상상하게 해주는 중요한 매개체다. 그다지 높지도 않은 이깟 콘크리트 벽이 뭐였기에, 그때의 베를린 시민들은 마음껏 오가는 자유조차 없었던 걸까. 그런 생각들을 하며 북적거리는 거리 한 가운데에서도 잠시 숙연해지는 시간을 보내게 되는 것이었다.

'테러의 토포그래피 박물관' 옆의 베를린 장벽.

'테러의 토포그래피 박물관Topography of Terror' 옆에 남아 있는 베를린 장벽은 좀 더 묘한 감정을 불러일으킨다. 이 박물관은 나치가 저지른 공포정치에 대해 그 어떤 변명 없이 고백하는 듯한 전시를 하고 있다. 그 옆으로는 예전 모습을 그대로 간직한 베를린 장벽의 일부가 무심하게 서 있어, "우리가 이렇게 분단된 채 살았어야만 했던 이유는 바로 우리 자신에게 있다"라는 메시지를 전하는 듯했다. 베를린 시민뿐만 아니라 다른 도시에 사는 독일 사람들도, 그리고 냉전시대의 아픔을 겪은 다른 나라의 사람들도, 베를린 장벽을 보며 어떠한 나짐이나 치유의 경험을 할 수 있는 공간이있다.

베를린 장벽은 독일의 다른 도시뿐만 아니라 전 세계 곳곳에 평화의 상징물로서 기증되기도 했다. 나는 독일 여행 중 뒤셀도르프에서 그 자취를 또 발견할 수 있었다. 우리나라에도 서울과 대전에 베를린 장벽 일부가 전시돼 있다. 하지만 본래의 맥락에서 벗어나 마치 조각품처럼 덩그러니 서 있는 베를린 장벽은 그 의미를 온전히 전달하기엔 조금 힘겨워 보였다.

부끄러운 과거사를 마주하는 용기

베를린에는 나치의 유대인학살 피해자들을 추모하는 공간들이 있다. 유대인박물관Jewish Museum과 유대인학살 추모공원Memorial to the Murdered Jews of Europe이 대표적이다. 유대인박물관은 지그재그 모양으로 펼쳐진 독특한 형태로, 유대교를 상징하는 '다윗의 별'에서 모티브를 딴 것이라고 한다. 이 건물을 설계한 건축가 다니엘 리베스킨트Daniel Libeskind는 중간중간 일부러 텅 빈 공간들을 만들어 독일 사회에서 소외됐던 유대인들의 처지를 표현하기도 했다.

그중 한 곳에서는 유대인들의 희생을 표현한 이스라엘 예술가의 'Fallen Leaves'란 작품이 전시돼 있다. 이 작품은 바닥에 금속으로 만든 얼굴 모형 1만개를 깔아놓은 것으로, 나치에 의해 희생당한 유대인들을 의미하는 얼굴들이었다. 관람객들은 그 위를 밟고 지나가게 돼 있었다. 전시실의 좁은 폭과 차가운 벽, 그리고 높은 천장은 그 아래 깔려 있는 얼굴들을 더욱 비참하고 절망적으로 보이게 했다. 게다가 얼굴 모형을 밟을 때마다 쇠붙이들이 서로 부딪혀 철컹거리는 소리가 공간을 가득 메웠는데, 마치 비명 같았던 그 소리는 전시실을 다 빠져나갈 때까지 계속 들어야만 하는 것이었다. 비극적인 과거를 또렷이 마주하고, 이것이 우리 중 누군가에 의해 또 반복될 수도 있음을 깨닫는 경험. 사람들이 작품에 직접 참여하도록 하는 방식은 그러한 경험을 더욱 극대화하고 있었다.

유대인박물관 내에 전시되어 있는 이스라엘 예술가 메나셰 카디시만(Menashe Kadishman)의 작품 'Fallen Leaves'

유대인학살 추모공원은 좀 더 직접적으로 홀로코스트의 진상을 사람들에게 보여준다. 지상에는 관을 연상케 하는 네모반듯한 검은 돌들이 규칙적으로 나열돼 있고, 지하에 전시장이 있다. 사람들은 따뜻한 햇볕에 적당히 데워진 돌 위에 드러눕기도 하고 그 사이를 뛰어다니기도 하면서, 다른 보통의 공원에서처럼 여유로운 시간을 보내고 있었다. 하지만 지하 전시장에 들어서면 희생자들의 이름과 사진, 어디서 어떻게 죽었는지에 대한 설명, 마지막 일기나 편지에 절절히 남겨진 이야기들이 관람객들의 마음을 엄숙하게 만든다. 그들의 사연을 하나씩 읽다 보니 어느새 눈물이 차올라서, 도망치듯 전시장을 빠져나왔던 기억이 있다.

세계에서 가장 힙한 도시, 가장 매력적인 도시, 현대 예술의 중심지로 불리는 베를린의 뒷면에는 부끄러운 과거사를 용기 있게 대면하는 과정들이 있었다. 지난 역사가 도시에 남긴 생채기들을 전 세계인들과 함께 성찰하고 위로하는 장으로 재탄생시킨 베를린의 사연에서, 한국전쟁 종전을 준비하는 우리는 어떤 기억의 장소들을 만들어야 할지 그 단초를 발견할 수 있길 바란다.

'유대인학살 추모공원'의 지상 풍경. 지하에는 희생자들의 이름, 사진, 마지막 편지 등을 볼 수 있는 전시관이 있다.

유러피안 그린벨트

2002년 독일의 환경단체 분트Bund für Umwelt und Naturschutz Deutschland, BUND에서 처음 제안한 것으로, 냉전시대 유럽을 갈라놓았던 사상적, 물리적 경계인 '철의 장막'을 따라 그린벨트Green Belt를 지정해놓은 것이다. 총 거리는 12,500km로, 북쪽으로는 노르웨이와 러시아의 경계가 되는 바렌츠 해안Barents Sea에서부터 남쪽의 흑해까지 이어지며 모두 24개의 국가가 연결되어 있다. 유러피안 그린벨트는 보존할 가치가 있는 유럽의 자연환경들을 서로 이어주고 있으며, 앞으로 범유럽 생태 네트워크의 기반이 될 것으로 기대되고 있다. 또한 이것은 유럽 국가 간 경계를 초월한 협력, 지속가능한 지역 발전, 국가 간 상호이해, 유럽의 화합 등 유럽 내 연대를 기대할 수 있는 기억의 경관이기도 하다. 독일 내의 그린벨트 구간은 분단의 흔적이 가장 강하게 남아 있는 곳으로, 통일 전에는 분트의 바이에른 지역 청년활동가Bund Naturschutz, BN들이 서독 지역부터 생태조사를 시작했고 동독 지역과 협력해서 보존 활동을 지속할 수 있도록 서독 경계의 토지를 일부 구매하기도 했다. 1989년 통일이 되자 분트가 주도하여 약 400명의 참가자들이 경계선을 따라 그린벨트를 보존하기로 결의하면서 독일의 그린벨트 프로젝트가 본격적으로 시작되었다. 그 결과 약 1,400km에 걸쳐 100종류 이상의 서식지가 보존되고 있는 것으로 조사되며 독일의 자연환경 보호에 크게 기여를 하고 있는 것으로 평가되고 있다.

참고자료

L. Geidezis, K. Frobel, A. Spangenberg, M. Kreutz, M. Schneider-Jacoby and G. Schwaderer, "The European Green Belt Initiative", *Coastline Reports*, Development Concept for the Territory of the Baltic Green Belt, 2012, pp.13~23.

European Greenbelt(www.europeangreenbelt.org)

철의 장막을 대신하고 있는 유러피안 그린벨트는 유럽의 자연환경 보호와 함께 유럽 국가 간 화합과 연대를 도모하고 있다. ⓒEuropean Greenbelt

싱가포르

김정은이 찾았던 '가든스 바이 더 베이'에 담긴 도시 정신

예전에 잠시 여행사에서 일하며 싱가포르 자유여행 상품을 담당했던 적이 있다. 그때 사람들의 관심을 가장 많이 받았던 것은 단연 마리나베이샌즈Marina Bay Sands 호텔이었다. 시티뷰로 갈지, 오션뷰로 갈지도 중요한 이슈였다. 그런데 이제는 '가든뷰'라는 옵션이 등장했다. 거대한 정원, 가든스 바이 더 베이Gardens by the Bay가 마리나만에 생겼기 때문이다. 반나절이면 싱가포르를 다 볼 수 있다는 건 이제 옛말이다. 가든스 바이 더 베이를 앞세워 이 도시가 만들어 가고 있는 정원 도시를 이해하려면, 좀 더 시간을 투자해야 할 것이다.

도시를 정원으로

싱가포르는 한반도 분단 후 70년 만에 성사된 북미정상회담의 장소로 낙점되면서 세계적으로 큰 주목을 받았다. 싱가포르는 미국과 북한대사관이 모두 설치되어 있을 뿐만 아니라, 그동안 등거리외교를 원칙으로 해오면서 중립국의 이미지를 다져온 것이 이유였다. 싱가포르가 이렇게 외교 협상의 무대로서 활약한 것이 이번이 처음은 아니다. 특히 냉전 이후 아슬아슬한 정치적 줄다리기를 하고 있는 나라들 사이에서 회담이 필요할 때 그 장으로서 중요한 역할을 담당하곤 했다. 때문에 싱가포르는 스스로 '외국의 이슈에 관해 편중되지 않고 중재 역할도 잘 담당하다'고 자평한다.

예전의 싱가포르를 기억한다면 깨끗한 도시, 혹은 벌금의 천국을 떠올릴지도 모르겠다. 이런 도시 이미지가 생겨난 것은 싱가포르 초대 총리인 리콴유李光耀의 도시정책 때문이었다. 1963년, 리콴유는 외국인 투자를 유치하기 위한 도시의 경쟁요소로 '녹지'를 정했다. 이것은 영국으로부터 독립한 이후 빠른 도시화를 겪으며 싱가포르의 자연이 심각하게 파괴돼가는 것에 대한 대책이기도 했다. '정원 도시Garden City'는 이때 정해진 싱가포르의 도시 비전이다. 2006년부터는 '정원 속의 도시City in a Garden'로 업그레이드하며 한층 더 강하게 어필하는 중이다.

싱가포르는 1960년대부터 '정원 도시'를 비전으로 도시 내 녹지를 만드는 데 많은 투자를 하고 있다. 빌딩에도 녹지공간을 접목시킨 것이 인상적이다.

1970년대 말까지 싱가포르는 엄청난 양의 나무를 심고 공원을 만들었다. 90년대가 되면 이 녹지들을 모두 연결하겠다는 '파크 커넥터Park Connector' 프로젝트가 시작된다. 때로는 도로를, 때로는 강이나 운하를 따라가다 보면 자연스럽게 싱가포르의 크고 작은 공원들에 다다를 수 있다. 사람들은 파크 커넥터를 따라 조깅을 하기도 하고 자전거를 타거나 인라인 스케이팅을 하기도 한다. 누구나 파크 커넥터를 쉽게 이용할 수 있도록 가이드맵도 제공되고 있다.

마리나베이 일대의 야경. 마리나베이샌즈 호텔, 박물관, 쇼핑센터 등이 밀집해 있다.

현재 이 파크 커넥터와 300개가 넘는 싱가포르의 공원들을 관리하고 있는 NParksNational Parks Boards는 "싱가포르를 우리의 정원으로 만들자"라고 외친다. '정원 도시'란 단지 녹지가 많고 가로수가 울창한 것만을 의미하지는 않는다는 것을 알 수 있다. 시민들이 함께 즐기고 가꾸는 도시. 도시가 곧 시민들의 정원이 되는 도시. 그것이 싱가포르가 꿈꾸고 실현해 나가고 있는 정원 도시의 진짜 의미다.

정원 도시 프로젝트의 끝판왕

2004년부터 싱가포르를 책임지고 있는 리셴룽李顯龍 총리는 싱가포르의 '깨끗하지만 재미없는 도시'라는 이미지로부터 벗어나고자 했다. 그렇게 해서 탄생한 것이 마리나베이샌즈다. 호텔, 카지노, 쇼핑센터, 박물관, 컨벤션센터를 갖춘 복합리조트인 마리나베이샌즈는 세 개의 거대한 빌딩이 하늘 높이 배를 받쳐 들고 있는 듯한 모습부터가 예사롭지 않다. 이 공중에 떠 있는 '하늘공원Skypark'의 수영장은 인증샷을 남기려는 관광객들로 가득하다. 이곳에서 내려다보이는 싱가포르 도시의 풍경 또한 장관이다. 마리나베이샌즈는 싱가포르를 홍보하는 각종 이미지들에서 빠지지 않고 등장하며, 달라진 싱가포르를 상징하는 랜드마크 역할을 톡톡히 하고 있다.

마리나베이샌즈가 개장한 지 2년 뒤, 마리나베이 개발 프로젝트와 정원도시 비전의 총집합체와 같은 끝판왕이 등장했다. 하늘 높이 솟아오른 슈퍼트리들로 유명한 '가든스 바이 더 베이'가 그것이다. 싱가포르는 마리나베이샌즈 동쪽의 수변공간을 상업적으로 개발하는 대신 이 대규모의 정원을 만들었는데, 무려 1백만㎡ 규모다. 싱가포르의 더운 날씨를 피해 밤늦게까지 문을 여는 가든스 바이 더 베이는 늘 관광객들로 북적인다.

하지만 슈퍼트리의 화려한 외관과 온갖 종류의 식물들, 거대한 온실에 놀라는 것은 잠시뿐이다. 그보다, 가든스 바이 더 베이를 유지하는 데 사용되는 모든 물과 에너지가 자체적으로 순환되어 지속가능하게 유지되도록 설계됐다는 점이 더욱 인상 깊었다. 녹지, 관광, 친환경이라는, 이 시대의 핵심 사명들을 모두 다 해내고 있는 가든스 바이 더 베이였다. 가든스 바이 더 베이는 시민들이 일상적으로 찾을 수 있는 공원이라기보다 정원 도시를 상징적으로 드러내는 관광지에 더 가깝지만, 싱가포르 도시의 정신과 비전을 오롯이 느끼기에 전혀 부족함이 없었다.

이곳은 지난 북미정상회담 때 김정은 북한 국방위원장이 방문하면서 더욱 화제가 되기도 했다. 중요한 회담을 앞두고 싱가포르에서 첫 번째로 택한 행선지였던 탓에 우리나라 언론매체들이 앞다투어 보도해댔지만, 싱가포르의 오랜 정원 도시 프로젝트를 알고 가든스 바이 더 베이를 한 번이라도 가본 사람들이라면 아마 느꼈으리라 싶다. 그것이 하나도 놀라울 일이 아니었다는 것을 말이다.

가든스 바이 더 베이의 전경. 우측에 보이는 것이 가든스 바이 더 베이의 랜드마크 '슈퍼트리'다.
거대한 나무 모양의 조형물에 식물이 빼곡히 자라고 있다. 좌측의 유리 건물은 온실이다.

가든스 바이 더 베이의 온실 내부. 물과 에너지가 자체적으로 순환되는 시스템을 갖추고 있다.

정원 도시(Garden City)

싱가포르의 리콴유 전 총리가 1963년부터 추진한 도시 환경 정책으로, 국가 주도로 개발 계획이 추진되는 가운데 환경 보호를 함께 달성하기 위해 시작되었다. 이 정책의 시행으로 1년 만에 싱가포르 나무의 수는 440그루에서 2,668그루로 급증하였으며 공공사업국Public Works Department에 의해 공원도 많이 조성되었다. 1973년 정부는 '정원 도시 활동 위원회Garden City Action Committee'를 발족시켰고 1980년까지 관련 예산은 10배로 증가하였다. 뿐만 아니라 정원도시 비전 실현을 위해 정치인, 관료, 학생, 시민운동가 등 전 국가적으로 나무심기 캠페인에 동참하도록 하였다. 싱가포르는 국제사회에서도 정원 도시 비전에 대해 적극적으로 홍보하였는데, 1992년 리우데자네이루에서 열린 국제연합환경개발회의United Nations Conference on Environment and Development, UNCED에서 싱가포르의 종합적인 환경 관리 계획을 담은 싱가포르 그린 플랜Singapore Green Plan을 발표하였고, 이어 1993년에는 좀 더 정교화된 환경보존지역 설계 기준을 제시한 싱가포르 그린 플랜 액션Singapore Green Plan Action을 제시하였다. 싱가포르의 정원 도시 정책은 풍부한 녹지 인프라를 가진 녹색도시의 모델로서 도시의 명성을 세계적으로 알리는 데 기여했지만, 친환경 도시로의 유기적이고 종합적인 전환이 아니라 정부 주도의 도구주의적, 공리주의적 계획 하에 진행됨에 따라 환경문제 전반에 균형적인 투자는 이루어지지 못했다는 한계를 남겼다.

참고자료

H. Han, "Singapore, a Garden City: Authoritarian Environmentalism in a Developmental State", *The Journal of Environment & Development* 26(1), 2017, pp.3~24

싱가포르에는 공원들을 연결하는 약 10km 길이의 산책로, 서던 리지스(Southern Ridges)가 있다. 2002년에 처음 구상된 것으로, 마운트 페이버 파크(Mount Faber Park), 켄트 리지 파크(Kent Ridge Park), 텔록 블랑가 힐 파크(Telok Blangah Hill Park) 등을 연결한다.

린츠

미디어아트 메카로 거듭난 히틀러의 문화도시

역사상 가장 악랄한 독재자 중 한 명이었던 히틀러. 그가 문화예술의 도시로 점 찍어 놓았던 린츠는 미디어아트 분야에서 가장 영향력 있는 도시가 됐다. 여행 날짜를 잘못 맞춘 탓에 전시관들은 대부분 휴관이었지만, 그 덕분에 린츠의 경제를 책임지고 있는 푀슈탈핀Voestalpine 공장의 박물관을 가게 된 것은 결과적으로 잘된 일이었다. 미디어아트 전시만 보고 왔다면 아마 알기 어려웠을, 린츠의 또 다른 중요한 한 부분을 볼 수 있었기 때문이다.

도시에 서린 히틀러의 그림자

오스트리아의 린츠는 2009년에 유럽문화수도로 선정됐다. 린츠는 유럽문화수도 중에서도 과학과 예술을 접목해 새로운 도시브랜드를 갖춘 성공적인 사례로 손꼽히고 있다. 유럽문화수도는 유럽연합 회원국 도시 중 몇 곳을 지정해 1년 동안 문화예술 프로젝트를 장려하는 프로젝트다. 1985년에 아테네가 최초의 유럽문화수도로 지정된 이래, 현재까지 약 60여 개의 도시가 유럽문화수도의 영예를 안았다.

유럽문화수도로 지정되면 관광객을 불러 모으고 문화산업이 활성화되는 효과가 있다고 평가된다. 유럽문화의 수도란 이름으로부터 얻어지는 특별한 도시 이미지가 그 기반이 되는 것이겠다. 문화행사가 도시 곳곳에서 열리고, 모두가 자유롭게 그 혜택을 누리며, 예술적인 영감이 가득 차 있는 도시. 이런 도시의 이미지는 외부인들에게는 관심과 흥미를, 그 도시에 살고 있는 시민들에게는 자부심과 활기를 불러일으키곤 한다.

도나우 강변에 설치돼 있는 미디어아트 작품.

역사에 관심 있는 사람이라면 '히틀러가 유년기를 보낸 도시'로 린츠를 떠올릴 수도 있겠다. 실제로 '히틀러'와 '나치'는 린츠에 있어서 절대 지울 수 없는 과거다. 린츠는 히틀러가 제3 제국의 문화중심지로 낙점했던 도시였다. 나치는 린츠에 거대한 문화지구를 만들 계획을 세웠다. 여기에는 오페라하우스, 호텔, 극장, 도서관, 갤러리 등 각종 문화시설들이 어마어마한 규모로 들어설 예정이었다. 그리고 이곳을 채우기 위해 제2차세계대전 동안 전 유럽에서 문화예술 작품들을 강탈해왔다. 가끔은 히틀러가 사비를 털어 사기도

세계적인 철강회사 푀슈탈핀(Voestalpine)의 본사가 린츠에 있다. 철강 산업은 린츠의 중요한 기반산업이다.

했다니, 문화도시에 대한 그의 꿈이 결코 사소한 일은 아니었던 모양이다.

린츠는 이런 역사를 굳이 감추지 않는다. 오히려 린츠를 알리는 스토리로 활용하고 있다는 인상이었다. 2009년 당시 유럽문화수도 프로그램의 메인 테마 중 하나가 '20세기의 역사'였는데, 린츠가 겪어내야 했던 국가 사회주의와 나치의 문화정책에 대한 전시가 열리기도 했었다.

2017년에는 히틀러가 린츠 시에 기증했다는 아프로디테 조각상을 박물관에서 전시하기로 결정했다는 소식도 들려왔다. 이 조각상은 한 나치 조각가가 히틀러의 명령에 따라 만든 것으로, 2008년에 철거되기까지 시내 공원에 전시돼 있었다고 한다. 이후에도 한동안 박물관에 보관돼 있기만 하다가 작년에서야 전시 결정이 난 것이다. 다만 조각상에 얽힌 자세한 설명을 함께 기록한다는 조건이 붙었다.

칙칙한 산업도시에서 미디어아트의 중심으로

린츠는 철강 산업으로 유명하다. 한때 린츠가 유럽의 가장 부유한 도시 중 하나로 성장할 수 있었던 것은 철강 산업 덕분이었다. 이 역시 나치 정권 때 본격적으로 시작됐으니, 나치의 유산이라면 유산이다. 세계적인 철강회사인 푀슈탈핀 본사가 1938년 린츠에 자리를 잡아 오늘에 이르고 있다. 문화도시로 재도약 중이지만 아직까지 철강 산업은 린츠의 중요한 경제기반이자, 도시를 장악하는 풍경이다. 푀슈탈핀의 거대한 공장지대는 마치 도시 속의 도시 같은 모습을 그려내며 그 위상을 과시하고 있었다.

철강 산업을 바탕으로 크게 번성했지만, 린츠는 칙칙하고 오염된 산업도시라는 오명으로 얼룩져 있었다. 이로부터 벗어나기 위해 1970년대부터 본격적인 문화 프로젝트에 돌입했다. 그 첫 번째가 '브루크너하우스Brucknerhaus'의 건축이었다. 이것은 오스트리아의 세계적인 작곡가 안톤 브루크너Anton Bruckner의 탄생 150주년을 기념해 세워진 공연장이다. 차례로 야외 조각전시, 디자인 전시 등이 열리며 시민들의 문화향수를 북돋았다. 1979년이 되면 세계 최초의 미디어아트 축제인 '아르스 일렉트로니카 페스티벌Ars Electronica Festival'이 개최되기에 이른다. 매년 9월에 열리는 이 페스티벌은 40년이 넘은 역사를 자랑하는데, 린츠가 문화도시로 변신을 꾀하는 데 결정적인 역할을 하고 있다. 오스트리아에는 비엔나, 잘츠부르크와 같이 문화예술로 유명한 전통적인 도시들이 많다. 린츠는 지리적으로도 비엔나와 잘츠부르크 사이에 끼어 있는 위치다. 그럼에도 린츠의 문화전략은 이들과 확실히 다른 결을 보여준다. 귀족 중심으로 향유됐던 고급문화 대신, 모두가 즐길 수 있는 문화예술을 추구한 결과다. 현대적이고 실험적인 것들을 강조한 것이 20세기 산업도시의 화려한 부활이라는 목표와도 맞아떨어진 듯했다.

퓌슈탈핀 홍보관 내부에는 철강생산 공장의 모습과 함께
도시의 풍경사진을 포토샵으로 합성해놓은 거대한 사진이 있다.

유럽문화수도 지정은 린츠가 문화도시로 거듭나게 된 원인이라기보다 성과다. 그 과정을 빛나게 한 것은 린츠만의 색깔을 찾기 위한 노력이었다. 그것은 때로는 역사이기도, 미래적인 기술이기도 했다. 도나우 강변의 야경을 수놓는 화려한 문화시설들의 불빛 아래로, 히틀러가 꿈꿨던 문화도시 린츠의 설계도가 어른거리고 철강회사의 압도적 경관이 겹쳐 보였다. 그제야 비로소 린츠라는 도시의 진면목을 깨달을 수 있었다. 관광객으로 북적대는 그 어떤 유명도시보다 '문화'의 힘을 온전히 실감할 수 있었던, 묘한 경험을 선사하는 도시였다.

도나우 강이 흐르는 린츠 시의 풍경.

유럽문화수도 프로그램(European Capitals of Culture, ECOC)

문화를 이용한 유럽의 도심재생 및 지역 활성화 전략으로, 1985년 그리스의 문화 장관 멜리나 메르쿠리Melina Mercouri에 의해 처음 제안되었다. 유럽문화수도 프로그램의 목적은 유럽 국가 간 상호이해와 긴밀한 교제, 그리고 문화예술 활동의 본고장으로서 유럽에 대한 자각을 일깨우는 것이었다. 1985년 첫 번째 도시는 이 프로그램을 제안한 그리스의 아테네가 선정되었다. 이후 2004년까지는 EU 회원국 간 만장일치로 결정하였으나, 2005년부터는 과열 경쟁을 방지하기 위해 순환시스템을 도입하였다. 또 처음에는 '문화도시City of Culture'였다가 2002년부터 '문화수도Capital of Culture'로 용어를 바꾸기도 했다. 유럽문화수도 프로그램은 도시가 한 단계 성장하는 촉매제였고 시민들의 자부심을 증가시켰으며 도시에서 제공하는 문화예술 활동에 보다 적극적으로 참여하는 효과가 있는 것으로 평가되고 있다. 예술가 및 문화기관들이 새로운 문화자원, 기술, 기회, 그리고 국제적인 연대를 발전시키는 계기가 되기도 했으며, 유럽지역의 관광 활성화와 명성을 제고하는 데에도 기여했다. 2020년까지 60개의 도시가 유럽문화수도에 선정되었다.

참고자료

김정호·문철수, "국제적 도시 브랜드 정립 차원에서 바라 본 유럽문화수도 프로그램 연구", 『OOH광고학연구』 7(3), 2010, pp.121~146.
European Commission, *European Capitals of Culture 2020 to 2033: A Guide for Cities Preparing to Bid.*

1986년 두 번째로 문화수도에 선정 피렌체(위)와 2000년의 문화수도였던 아비뇽(아래).

잘츠부르크

코로나 위기 속 음악 축제를 취소할 수 없는 이유

잘츠부르크 페스티벌을 꼭 한번 온전히 경험해보고 싶었다. 비싼 티켓 가격, 그마저도 마음대로 살 수 없는 예매 시스템, 여름 성수기의 높은 물가 등등, 쉽지 않은 장애물들이 있음에도 불구하고 한 번쯤은 가봐야겠다고 생각했다. 우리나라의 수많은 축제들, 문화도시를 꿈꾸는 지역들이 롤모델로 삼는 그 저력은 어디에서 오는 것인지 궁금했다. 영원한 명작 '사운드 오브 뮤직'의 촬영지여서? 세기의 작곡가 모차르트의 고향이어서? 그보다 우리가 정말 염두에 두어 할 것은 엄청난 인파의 관광객 속에서도 빛날 수 있는 도시의 진정성, 그 뿌리를 보는 것이었다.

100년 역사의 음악 축제

잘츠부르크 페스티벌은 전 세계에서 가장 유서 깊은 음악 축제 중 하나다. 2020년은 100주년을 맞이해 연초부터 관심이 더욱 뜨거웠다. 코로나19 사태로 유럽의 많은 이벤트들이 취소를 결정한 가운데, 잘츠부르크 페스티벌은 개막일만 조금 연기하고 축제를 강행했다.

잘츠부르크가 음악 도시로서 가지고 있는 명성은 절대적이다. 그 명성은 모차르트와 폰 카라얀이라는, 근대와 현대를 아우르는 세계 최고의 음악가들을 배출한 도시라는 점에서부터 시작된다. 지금까지도 뮤지컬로 꾸준히 상연되며 인기를 끌고 있는 영화 '사운드 오브 뮤직'의 배경이라는 사실도 빼놓을 수 없다. 1965년 작품이지만 여전히 영화 속에 등장하는 장소들이 도시 곳곳에 남아 있어 방문객들에게 소소한 재미를 선사한다.

영화 '사운드 오브 뮤직'의 촬영지였던 잘츠부르크의 미라벨 정원

1920년부터 시작된 잘츠부르크 페스티벌은 이 고전적인 음악 도시의 스케일과 정신을 압축해 놓은 집적체다. 축제가 열리는 장소만 해도 16곳이며, 공연의 수는 200개에 달한다. 한 달이 조금 넘는 축제 기간 동안 전 세계 80여 나라의 사람들이 이 음악 축제를 즐기기 위해 잘츠부르크를 방문하고 있다. 해마다 역대급으로 흥행성적을 올려, 지나온 역사만큼이나 앞으로의 성장이 기대되는 페스티벌이다. 그런 축제가 100주년을 맞이했으니, 아무리 전염병의 공포가 전 세계를 휩쓸고 있다 할지라도 쉽사리 취소 결정을 내리지 못한 것도 어떻게 보면 당연하다 해야 할까.

잘츠부르크 페스티벌의 메인 공연장인 대축제극장 앞.

잘츠부르크 페스티벌의 100년 역사는 세계적인 예술 도시를 꿈꾸며 한 편의 연극을 중앙광장에서 상연한 것이 시작이었다. 야외 공연으로 한 이유는 극장을 짓는 데 들어가는 비용을 아끼기 위해서였다고 한다. 1920년 8월 22일, 그렇게 잘츠부르크 대성당 앞에서 연극 '예더만Jedermann'이 올려졌다. 이 작품은 잘츠부르크 페스티벌의 트레이드마크가 되어 매년 축제 개막일에 공연된다. 잘츠부르크 페스티벌의 역사와 권위를 재확인하는 상징적인 이벤트인 셈이다.

축제의 역사만큼 공연장에 얽힌 이야기도 흥미롭다. 잘츠부르크 페스티벌의 메인 공연장인 대축제극장Grosses Festspielhaus은 뒤쪽으로 면하고 있는 묀히스베르크Mönchsberg 산을 깎아서 만든 것으로 유명하다. 충분한 무대 공간을 확보하기 위해서였는데, 무려 5만 5천㎥의 바위들을 폭파시켜 없애야 했다고 한다. 또 다른 공연장인 '펠젠라이트슐레Felsenreitschule'도 명소다. 영화 '사운드 오브 뮤직'을 본 사람이라면 폰 트랩가의 가족들이 나치를 피해 도망가기 위해서 노래를 부르며 공연장을 빠져나가는 장면을 기억할 것이다. 그 장소가 바로 '펠젠라이트슐레'다. 원래 승마학교로 이용되던 것을 리모델링해 독특한 구조로 되어 있다. 공연장에 얽힌 특별한 사연들은 이곳에서의 경험을 더욱 다채롭게 만들고 있었다.

가볍게 소비되지 않는 도시

이렇듯 잘츠부르크는 관광객을 불러모을 수 있는 요소들이 다분하다. 위대한 음악가의 생가가 있고, 대히트를 친 영화의 촬영장소들이 고스란히 남아있다. 게다가 휴가 시즌에 맞춰 도시 전체에서 대규모의 축제가 펼쳐진다. 아름다운 자연 풍광은 덤이다. 이 중 하나만 있어도 관광지로 성공하기에 부족함이 없다. 그렇기에 잘츠부르크는 매해 관광객들로 넘쳐나는 '오버투어리즘'의 도시이기도 하다.

하지만 잘츠부르크 페스티벌은 이 도시의 자산들이 단지 '관광'으로 가볍게 소비되지 않도록 한다. 프로그램은 양적으로도 풍성하지만 오페라, 교향악, 연극 등 높은 수준의 콘텐츠들로 구성되어 클래식의 진수를 보여준다. 축제가 펼쳐지는 물리적인 공간들은 음악 도시로서 잘츠부르크의 오랜 역사와 예술적 야심을 환기시키는 장치다. 그리고 이 모든 것이 음악을 즐기는 하나의 문화를 형성하고 있다. 관광객을 위해 축제가 존재하는 것이 아닌, 관광객이 축제의 문화 속으로 포섭되는 것이다.

잘츠부르크 페스티벌은 1차 세계대전이 끝난 후 '평화의 첫 번째 행위one of the first deeds of peace'로 시작된 것이었다. 2020년 100주년에 맞춰 축제가 열리지 못했으면 아무렴 어

대축제극장은 무대 공간을 확보하기 위해 산의 암벽을 깎아 내어 만든 것으로 유명하다.

땠을까. 그다음 해가 된다고 할지라도, 전염병과의 지루한 싸움을 끝내고 다시 한 번 세계의 평화를 기념하는 장으로 기획했다면 이 또한 100주년을 축하하기에 부족함이 없었을 것이다. 코로나19 이후 우리의 삶은 이전과 많이 달라졌고, 문화예술 분야 역시 많은 변화를 준비해야 했다. 수많은 문화축제들의 롤모델로서 포스트 코로나 시대에 현명하게 대처하는 모습을 보여주길 기대해본다.

호엔잘츠부르크(Hohensalzburg) 성에서 내려다본 도시의 풍경. 잘츠부르크는 자연이 아름답기로도 유명하다.

오버투어리즘

영국의 관광학자 해럴드 굿윈Harold Goodwin이 이탈리아 베니스, 스페인 바르셀로나 등의 도시들에서 과도한 관광객들로 여러 가지 부작용이 일어나고 있는 것을 지적하며 2012년 트위터에서 처음 사용한 단어이다. 책임관광과 반대되는 개념으로, 도시가 수용할 수 있는 수준을 넘어 너무 많은 관광객이 유입됨에 따라 도시민의 삶이 침범당하게 되는 현상이라고 설명된다. 스페인의 관광학자 클라우디아 밀라노Claudio Milano는 "관광객의 과도한 증가로 주민들이 거주하는 지역이 지나치게 혼잡해짐에 따라 주민들의 라이프스타일, 생활편의시설에 대한 접근, 평범한 행복을 추구하는 것에 영구히 변화를 강요당하는 것"이라고 표현하기도 했다. 쓰레기 무단투기, 소음 발생 등 지역 주민들의 정주권에 위협을 가하는 형태로 나타나며, 최근 관광지와 비관광지의 명확한 구분 없이 주거지역까지 관광객들이 들어오면서 문제가 더 심각해지고 있다. 오버투어리즘의 용어는 최근에 등장했지만 그러한 경향의 문제는 훨씬 오래전부터 발생하고 있었는데, 파리의 에펠탑 주변, 뉴욕의 타임스퀘어 등 주로 다양한 관광자원들을 보유하고 있는 대도시의 도심에서 많이 일어났다. 최근에 오버투어리즘 문제가 심각하게 나타나는 도시로는 베니스와 바르셀로나를 비롯해 로마, 두브로브니크, 프라하 등이 있는데 런던이나 뉴욕 같은 도시는 관광객이 훨씬 더 많아도 도시의 규모가 크기 때문에 관광객들이 일부 지역에 집중되어 오버투어리즘으로 인한 부작용이 덜한 것으로 분석되고 있다. 오버투어리즘은 앞으로도 계속 진행될 것으로 전망되고 있으며, 항공편을 줄여 접근성을 떨어뜨리는 방안 등이 필요하다는 주장도 등장하고 있다.

참고자료

윤혜진, "오버투어리즘 현상과 정책 대응방안 연구: 북촌 한옥마을을 중심으로", 『관광레저연구』 32(5), 2020, pp.53~67.

R. Dodds and R. Butler, "The Phenomena of Overtourism: A Review", *International Journal of Tourism Cities*, 2019

오버투어리즘은 지나치게 많은 관광객의 유입으로 거주민들의 정주권이 위협당하는 현상이다.
우리나라에서도 최근 마을관광이 활성화되면서 주민들이 소음, 쓰레기 문제 등에 시달리고 있다.

찾아보기

가든스 바이 더 베이_120, 246, 249, 250, 251
감천문화마을_198, 199
골목상권_18, 20, 22
공공건축_158, 159, 160, 163, 164
관광지_11, 12, 72, 76, 89, 95, 104, 169, 188, 196, 197, 239, 250, 265, 268
구도심_182, 183, 197, 218, 219, 220, 223
국가정원_186, 187, 188, 190, 191
그린벨트_244, 245
근현대사_194, 210
금강산_63, 65, 66
기억의 장소_40, 243
냉전_210, 238, 247
뉴욕_17, 77, 114, 116, 120, 121, 134, 135, 231, 268
님비(NIMBY)_39
다크투어리즘_74, 76, 77
단애_109
도시재생_111, 125, 126, 127, 133, 163, 164,167, 168, 169, 170, 172, 220, 223
드라마_104, 138, 139
라이프스타일_16, 29, 30, 31, 268
랜드마크_11, 116, 181, 234, 236, 249, 250
런던_114, 116, 172, 268
루브르_59, 230, 231, 232, 233, 235, 236
르 코르뷔지에_24, 25
리콴유_247, 252
마스터플랜_159, 160, 161, 163
마케팅_16, 95, 175, 212, 216
막스 베버_161
맨해튼_134
메가이벤트_156
문화도시_52, 53, 180, 181, 183, 254, 257, 258, 259, 260, 262
문화예술_46, 50, 83, 178, 179, 183, 254, 255, 256, 258, 260, 267
문화재_29, 30, 218, 219, 220, 221, 223, 224
미디어아트_12, 57, 254, 255, 257
미사리 카페촌_18, 23
민간인 통제구역_63, 64, 66, 71, 74, 86, 87
밀레니얼 세대_122, 124, 128, 129
반딧불이_186, 190
복합문화공간_18, 55, 131, 132, 133, 134
브랜드스케이프_16
비무장지대(DMZ)_66, 71, 80, 93, 239
비엔날레_179, 182, 183, 206
빛나는 도시_24
4.3 사건_202, 203, 204, 205, 206, 207, 209
사운드 오브 뮤직_262, 263, 265
생태관광_188, 189, 192, 193
생태도시_191
서해 5도_104, 105, 108, 109
세계문화유산_26, 27, 28, 29, 31, 33

세월호_34, 35, 36, 37, 38, 39
순천만_186, 187, 188, 190, 191, 193
스타필드_18, 19, 20, 21, 22, 23
식물원_114, 115, 116, 117, 118, 119, 120, 121, 187
심청전_104, 105
안보 관광_70, 72
알레고리_184
엑스포_156, 157
5.18 민주화운동_178, 179, 180, 181, 183
오버투어리즘_265, 268, 269
오픈스페이스_25, 181
올림픽_136, 150, 151, 152, 153, 154, 155, 156
왜관_195
용치_108, 109
우규승_180
위성도시_20, 50
유네스코_26, 27, 29, 32, 33, 50, 52, 53, 54, 57, 95, 199, 200
유럽문화수도_255, 257, 259, 260
유엔(UN)_72, 98, 100, 101, 200
유튜브_124, 227
윤이상_210, 211, 212, 213, 214, 215
이슬람_139, 234
이종호_82, 84
이케아_10, 11, 13, 14, 15, 111
일제강점기_13, 44, 65, 69, 82, 104, 169, 195, 197, 205, 220
잘츠부르크 페스티벌_111, 262, 263, 264, 265, 266
장 누벨_233
장가계_13
전망대_66, 72, 80, 92, 101, 102, 104, 105, 152, 184, 186, 190, 191
정원 도시_246, 247, 249, 250, 252
정원박람회_187, 188
젠트리피케이션_140, 172, 173
주한미군_42, 43, 44, 45, 46, 47, 48, 141
창조계급_144
창조도시_50, 56, 57, 180
철새도래지_66
출입통제소_63, 64
코로나19_111, 128, 153, 263, 267
크리에이터_139, 140
타임스퀘어_17, 268
테마파크_12, 13, 19, 21, 23, 67, 76, 104, 188, 202, 206, 215
트라우마_39, 202, 204, 205
파리_24, 114, 120, 185, 217, 231, 233, 268
펀치볼_78, 79, 80
평화관광_70, 208
폐허_65, 67, 68, 69, 205

폴리_181, 182, 183, 184, 185
피란수도_199, 200
한강대교_130, 131, 133, 135, 136
한강하구중립수역_92, 93
한국전쟁_13, 44, 45, 48, 63, 71, 74, 79, 82, 86, 88, 89, 94, 96, 98, 100, 101, 195, 197, 198, 199, 200, 201, 203, 243
황룡동굴_13
황해도_86, 87, 88, 89, 90, 104, 107, 200
히틀러_254, 255, 256, 257, 259
힙스터_122, 123, 124, 126, 140